Gestaltung hybrider Mensch-Maschine-Systeme/Designing Hybrid Societies

Reihe herausgegeben von

Angelika C. Bullinger-Hoffmann, Arbeitswissenschaft und Innovation, TU Chemnitz, Chemnitz, Sachsen, Deutschland

Veränderungen in Technologien, Werten, Gesetzgebung und deren Zusammenspiel bestimmen hybride Mensch-Maschine-Systeme, d. h. die quasi selbstorganisierte Interaktion von Mensch und Technologie. In dieser arbeitswissenschaftlich verankerten Schriftenreihe werden zu den Hybrid Societies zahlreiche interdisziplinäre Aspekte adressiert, Designvorschläge basierend auf theoretischen und empirischen Erkenntnissen präsentiert und verwandte Konzepte diskutiert.

Changes in technology, values, regulation and their interplay drive hybrid societies, i.e., the quasi self-organized interaction between humans and technologies. This series grounded in human factors addresses many interdisciplinary aspects, presents socio-technical design suggestions based on theoretical and empirical findings and discusses related concepts.

Adrian Brietzke

Kinetose als Merkmal der Mensch-Fahrzeug-Interaktion

Eine Untersuchung im Stop-and-Go-Verkehr

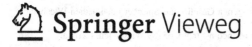

Adrian Brietzke
Volkswagen AG
Wolfsburg, Deutschland

Diese Arbeit hat der Fakultät für Maschinenbau der Technischen Universität Chemnitz 2022 als Dissertation vorgelegen.

ISSN 2661-8230   ISSN 2661-8249 (electronic)
Gestaltung hybrider Mensch- Maschine-Systeme/Designing Hybrid Societies
ISBN 978-3-658-41947-9   ISBN 978-3-658-41948-6 (eBook)
https://doi.org/10.1007/978-3-658-41948-6

Die Deutsche Nationalbibliothek verzeichnet diese Publikation in der Deutschen Nationalbibliografie; detaillierte bibliografische Daten sind im Internet über http://dnb.d-nb.de abrufbar.

Planung/Lektorat: Stefanie Probst
Springer Vieweg ist ein Imprint der eingetragenen Gesellschaft Springer Fachmedien Wiesbaden GmbH und ist ein Teil von Springer Nature.
Die Anschrift der Gesellschaft ist: Abraham-Lincoln-Str. 46, 65189 Wiesbaden, Germany

Geleitwort

Fahren in alltäglichen Verkehrsmitteln, insbesondere Autos, kann für anfällige Passagiere von unangenehmem Schwindel und Übelkeit begleitet werden. Diese Reaktion wird als Kinetose (Reisekrankheit) bezeichnet und entsteht primär aufgrund von widersprüchlichen Signalen der menschlichen Sinnesorgane. Bei einer wachsenden Zahl von Betroffenen im Zuge höherer Automatisierung ist es sehr überraschend, dass nur wenige der Erkenntnisse Eingang in die Automobilentwicklung gefunden haben. Adrian Brietzke hat sich vorgenommen, zur Schließung dieser Lücke mit seinen Forschungsarbeiten beizutragen.

Nachdem aus der bestehenden Literatur bekannt ist, dass neben der visuellen Wahrnehmung Faktoren wie Fahrdynamik, Aktivität der Passagiere sowie deren körperliche Disposition wichtige Aspekte sind, fokussierte Dr. Brietzke seine Arbeit auf die Identifikation und Entwicklung technischer Interventionsmaßnahmen zur Reduzierung von Kinetose im Pkw. Dazu wird ein reproduzierbares Nutzungsszenario (Stop-and-Go-Verkehr) als Versuchsumgebung erzeugt, in dem mit echten Fahrzeugen auf quasi-realer Strecke maximal realistische Messbedingungen für eine Vielzahl an Messmethoden und deren Kombination und Auswertung geschaffen und vollumfänglich genutzt werden (Observationsstudie und Interventionsstudie mit Fahrzeugumfeldanzeige und entkoppeltem Sitz).

Es gelingt ihm mit seinen Studien zunächst, das dokumentierte Wissen zu Kinetose mit Angaben Betroffener abzugleichen und daraus eine erste deutschsprachige Symptomliste mit 10 Begriffen zu destillieren, welche fast 90% der genannten Symptome abdeckt. Mit seinem ersten Fahrversuch, der Observationsstudie Stop-and-Go, kann er zeigen, dass der Blick auf ein Video (Benutzung eines frei in der Hand gehaltenen Tablet-PCs) im Vergleich zum Blick auf das vorausfahrende Fahrzeug zu einem erhöhten Auftreten von Übelkeit, Schwindel und Kopfschmerzen führt. In dem zweiten Fahrversuch, der Interventionsstudie Stop-and-Go, angelegt zur Untersuchung von technischen Interventionen zur Reduzierung von Kinetose, gelingt Adrian Brietze der Nachweis, dass die Bedingung Video Referenz zu den stärksten Symptomen führt. Ferner belegt er durch die erhöhte Anbringung des betrachteten Displays, dass dies zu geringerer Kinetoseausprägung führt. Mit seinen Ergebnissen weist er jedoch auch nach, dass die theoretisch identifizierten Interventionsmaßnahmen gegen Kinetose derzeit noch weit unter den vermuteten Einflussmöglichkeiten bleiben.

Die in der Dissertation erarbeiteten Ergebnisse sind eine Referenz für die Praxis, da sie ermöglichen, einerseits Kintosesymptome zu messen, und andererseits durch die Entwicklung, Testung in einem quasi-realen Setup und Evaluation von visuellen und kinetischen Interventionen zur Reduktion von Kinetose, Erkenntnisse zu Interventionsmassnahmen zur Verfügung stellt. Darüber hinaus wird hier eine grundlegende Arbeit im Feld vorgelegt, die zahlreiche Anregungen für die interdisziplinäre Kinetoseforschung auch, aber nicht nur im deutschen Sprachraum identifiziert.

Ich wünsche Dr. Adrian Brietzke daher zahlreiche interessierte Leserinnen und Leser aus Wirtschaft und Wissenschaft – und zahlreiche wirksame Interventionsmaßnahmen für die anfälligen Passagiere, die in Zukunft auf Grundlage seiner Arbeiten gestaltet werden!

Chemnitz   Angelika C. Bullinger-Hoffmann
im März 2023

Danksagung

Diese Danksagung stellt „die letzte Seite" des Kapitels „Dissertation" in meinem Leben dar. Ich blicke auf viele Fahrten in Versuchsfahrzeugen sowie unzählige Stunden vor einem Monitor zurück. Viele tolle Menschen, die mich inhaltlich unterstützt haben oder erfolgreich ablenken konnten, erlauben mir, mit Freude daran zurückzudenken.

Beginnend mit den unterstützenden Personen, danke ich Frau Professor Bullinger-Hoffmann für die Betreuung meines Dissertationsvorhabens als großes Ganzes sowie die Schaffung der strukturierten und lebhaften Diskussionskultur an ihrer Professur. Für die Erweiterung meines Horizonts hinsichtlich der messmethodischen Möglichkeiten und der Übernahme des Zweitgutachtens danke ich Herrn Professor Erich Schneider. Herrn Professor Markus Golder danke ich vielmals für die Übernahme des Vorsitzes der Prüfungskommission. Ein großes Dankeschön möchte ich an André und das Team der Professur für Arbeitswissenschaft und Innovationsmanagement für die kreativen Anregungen, das umfangreiche Feedback sowie die fortwährend herzliche Gastfreundschaft in Chemnitz richten.

Einen wichtigen Teil zur Vollendung dieses Vorhabens haben die Menschen in meinem täglichen Umfeld bei Volkswagen dargestellt. Daher gilt mein Dank meinen Vorgesetzten Thomas, Tobias, Helmut, Alexander, Jonas und Björn für die Bereitstellung der notwendigen Mittel, den Freiraum und die Führung. Für das Gefühl seit vielen Jahren gerne zur Arbeit zu gehen, danke ich meinem tollen Team. Ich habe immer die volle Unterstützung für mein Dissertationsprojekt von Euch erhalten. Im Besonderen danke ich Matthias, Sascha und Sebastian für die methodische und technische Unterstützung. Die Begleitung der Abschlussarbeiten von Anne, Thomas, Alexander und Stefan war gleichermaßen anregend und lehrreich (hoffentlich für beide Seiten). Ich danke Euch vielmals für eure Unterstützung. Als weitere Herausforderung wurden vier Wochen auf dem Versuchsgelände in Klettwitz bei Senftenberg gestemmt. Hierfür möchte ich mich beim Team vom Prüfgelände, den Sicherheitsfahrenden und weiteren Unterstützenden bedanken. Meine besondere Dankbarkeit gilt hier natürlich den Teilnehmenden, die sich für die körperlich beanspruchende Untersuchung von Kinetose bereitgestellt haben. Für die Verbesserungsvorschläge hinsichtlich Lesbarkeit und Rechtschreibung dieses Buches möchte ich mich bei meiner Familie, im Besonderen Claudia, und meinen Freunden herzlich bedanken.

Ich danke meiner Familie und meinen Freunden für die vielfältigen Ablenkungsangebote außerhalb des Dissertationsprojekts, nach denen ich mich frisch motiviert zurück an den Bildschirm setzten konnte. Rückblickend haben mir Neugier, Respekt, Skepsis, Bodenständigkeit und Willensstärke die Promotion ermöglicht. Für die Förderung dieser Eigenschaften danke ich meiner Familie und im Speziellen meinen Eltern Simone und Thomas: Ihr habt mich zu dem Menschen gemacht habt, der ich heute bin. Mein größter Dank für die uneingeschränkte Unterstützung gilt meiner Frau Rebecca, die mir durch inhaltlichen Austausch, Ansporn und Verzicht im Alltag die schönste Promotionszeit meines Lebens ermöglicht hat.

Kurzreferat

Das Reisen in Verkehrsmitteln wie zum Beispiel Pkws kann von Schwindel und Übelkeit begleitet werden. Diese Reaktion auf Bewegung wird als Kinetose (Reisekrankheit) bezeichnet und entsteht primär aufgrund von widersprüchlichen Signalen der menschlichen Sinnesorgane. Untersuchungen im Pkw belegen, dass visuelle Wahrnehmungen einen hohen Einfluss auf die Entwicklung einer Kinetose haben. Zukünftig können Fahrzeuge automatisiert fahren und Reisende die Fahrzeit vermehrt nutzen, um beispielsweise Videos zu schauen. Bisherige Erkenntnisse zu Kinetose im Fahrzeug lassen vermuten, dass diese visuelle Ablenkung von der Fahrzeugumgebung das Wohlbefinden der Menschen sowohl im Privat- als auch im Berufsalltag verschlechtern wird. Daher ist es wichtig, Lösungen zu finden, die den Diskomfort einer Kinetose reduzieren. Trotz einer langen Historie des Forschungsfelds und einer stetig wachsenden Wissensbasis haben bisher nur wenige Erkenntnisse Eingang in die Automobilentwicklung gefunden. Es ist bekannt, dass neben der visuellen Wahrnehmung Faktoren wie Fahrdynamik, Beschäftigung der Person sowie deren körperliche Disposition wichtige Aspekte sind. Im Rahmen dieser Arbeit wurden Nutzererfahrungen systematisch erfragt sowie das akute Auftreten von Kinetose in Realfahrstudien untersucht.

Mithilfe einer Onlinebefragung wurden von Fahrzeugnutzenden die Erfahrungen mit Kinetose erhoben. In Verbindung mit demografischen Merkmalen ließen sich daraus relevante Nutzergruppen ableiten. Die Zusammenhänge zwischen Kinetosesymptomen und Kopf- und Augenbewegungen wurden im kinetosekritischen Stop-and-Go-Verkehr untersucht. Realfahrstudien mit fünf Versuchsbedingungen bildeten den Kern der empirischen Erhebung. Ausgehend vom Stand der Wissenschaft sowie abgeleitet aus zwei Beobachtungsbedingungen einer ersten Studie wurden in einer zweiten Studie Interventionen (Fahrzeugumfeldanzeige und Aktivsitz) bewertet. Dieses Vorgehen erlaubte es, die Auswirkungen der zwei Interventionen gegenüber einer Referenzbedingung zu bewerten. Die Ergebnisse der Untersuchungen zur Mensch-Fahrzeug-Interaktion in der Situation einer Stop-and-Go-Fahrt zeigten, dass Kinetose während der Betrachtung eines Videos zunimmt. Ein Anheben der Displayposition in den Bedingungen der zweiten Studie führte zu einer Verringerung der Zunahme. Durch die Interventionen der Fahrzeugumfeldanzeige und des aktiv entkoppelten Fahrzeugsitzes konnte keine zusätzliche Verbesserung beobachtet werden. Die objektive Erfassung von Kopf- und Augenbewegungen offenbarte eine hohe Abhängigkeit der Parameter von der jeweiligen Versuchsbedingung. Ein klarer Zusammenhang zwischen der Empfindlichkeit für Kinetose und den objektiven Parametern konnte nicht bestätigt werden. Zusammenfassend ermöglichten die Erkenntnisse eine Überprüfung der Ursachen für Kinetose.

Die zwei prototypisch umgesetzten Interventionen liefern Ansätze zur Weiterentwicklung dieser Funktionen für zukünftige Fahrzeuge. Für die effektive Bearbeitung von Kinetose im Pkw sollte in zukünftigen Forschungsprojekten ein Fokus auf strukturierte Analysen von Verkehrssituationen – unter Berücksichtigung der Betroffenengruppe – gelegt werden. Die Vermeidung von Kinetose ist entscheidend für das Wohlbefinden. Forschung kann hier einen wichtigen Beitrag leisten und damit die Verbreitung zukünftiger Mobilitätsangebote positiv beeinflussen.

Schlagworte: Kinetose · Reisekrankheit · Motion Sickness · Mensch-Fahrzeug-Interaktion · Pkw · Verkehrsstau · Sitz · Augenbewegung · Kopfbewegung

Bibliografische Beschreibung

Adrian Brietzke

Thema der Dissertation:
Betrachtung von Kinetose als Merkmal der Mensch-Fahrzeug-Interaktion im Stop-and-Go-Verkehr

Dissertation an der Fakultät für Maschinenbau
der Technischen Universität Chemnitz,
Institut für Betriebswissenschaften und Fabriksysteme,
Professur Arbeitswissenschaft und Innovationsmanagement

Ergebnisse, Meinungen und Schlüsse dieser Dissertation/Veröffentlichung sind nicht notwendigerweise die der Volkswagen Aktiengesellschaft.

147 Seiten und 74 Seiten in Anlagen,
insgesamt 221 Seiten

49 Abbildungen und 58 Abbildungen in Anlagen,
insgesamt 107 Abbildungen

21 Tabellen und 24 Tabellen in Anlagen,
insgesamt 45 Tabellen

Inhaltsverzeichnis

Abkürzungsverzeichnis

ACC	Adaptive Cruise Control oder adaptive Geschwindigkeitsregelanlage
β	Regressionskoeffizient
CI	Konfidenzintervall
EZM	Elektronisches Zusatzmaterial (ESM – Electronic Supplementary Material)
FF1	Forschungsfrage 1
FF2	Forschungsfrage 2
FF3	Forschungsfrage 3
FSRA	Full Speed Range Adaptive Cruise Control
GIF	Gravito-Inertial-Force
INT	Interventionsstudie
k. A.	Keine Angabe
MSAQ	Motion Sickness Assessment Questionnaire
MSDV	Motion Sickness Dose Value
MSQ	Motion Sickness Questionnaire
MSSQ	Motion Sickness Susceptibility Questionnaire
NaN	Not a Number
OBS	Observationsstudie
OKR	Optokinetischer Reflex
PMV	Predicted Mean Vote
R^2	Bestimmtheitsmaß
SD	Standardabweichung/Standard Deviation
SSQ	Simulator Sickness Questionnaire
vHIT	Video-Head-Impulse-Test
VOR	Vestibulookulärer Reflex

Einheitenverzeichnis

Sekunde (Augenfixationsdauer) t s bzw. ms
Stunde t h
Dauer T s
Länge s m
Geschwindigkeit v m/s bzw. km/h
(Fahrzeuggeschwindigkeit)
Beschleunigung (Fahrzeugbeschleunigung) a m/s^2
Ruck (Fahrzeugruck) j m/s^3
Winkel (Kopforientierung) φ rad bzw. °
Winkelgeschwindigkeit ω rad/s bzw. °/s
(Kopfwinkelgeschwindigkeit,
Augenfixationsgeschwindigkeit)
Winkelbeschleunigung α rad/s^2 bzw. °/s^2
Frequenz f Hz

Abbildungsverzeichnis

Tabellenverzeichnis

Formelverzeichnis

Einleitung

1

AUTOR:	„Sind Sie empfindlich für Reiseübelkeit im Auto?"
UNBEKANNT:	„Kaum, eigentlich nicht!"
AUTOR:	„Und wenn Sie im Auto lesen auf einer Landstraße?"
UNBEKANNT:	„Oh, das kann ich nicht vertragen, da wird mir sofort mulmig im Magen."

Quelle: persönliches Gespräch

Dieses anekdotische Beispiel eines Gesprächs über das Phänomen Kinetose aus der Vergangenheit des Autors illustriert die Komplexität des Themas, die im Rahmen der Dissertation untersucht werden soll. Kinetose bezeichnet eine natürliche Reaktion des menschlichen Organismus auf Bewegungen. Im deutschsprachigen Raum ist Kinetose auch unter den Begriffen Bewegungskrankheit und ihrer Unterkategorie Reisekrankheit/-übelkeit bekannt (Probst et al., 1982, S. 410). Symptome wie Übelkeit, Schwindel und Unwohlsein in Verbindung mit Schiffs-, Flugzeug- oder Autoreisen scheinen einem Großteil der Bevölkerung aus eigener Erfahrung bekannt. Ziel der Arbeit ist es, Maßnahmen zu identifizieren, die dazu beitragen können, Kinetose zu verringern oder sogar zu vermeiden.

© Der/die Autor(en), exklusiv lizenziert an Springer Fachmedien Wiesbaden GmbH, ein Teil von Springer Nature 2023
A. Brietzke, *Kinetose als Merkmal der Mensch-Fahrzeug-Interaktion*, Gestaltung hybrider Mensch-Maschine-Systeme/Designing Hybrid Societies, https://doi.org/10.1007/978-3-658-41948-6_1

1.1   Hintergrund und Motivation

Viele der im Rahmen dieser Arbeit analysierten Untersuchungen zeigen, dass
die Häufigkeit, mit der Kinetose bei der Mitfahrt in einem Straßenfahrzeug auftritt, davon abhängt, welcher Art von Beschäftigung die Mitreisenden während
der Fahrt nachgehen. Ausgehend von Beschäftigungen wie dem Blick aus dem
Fenster, dem Hören von Musik oder dem Lesen eines Buches wird dieser Zusammenhang zu einem Teil durch die hohe Bedeutung der visuellen Wahrnehmung
für die menschliche Orientierung begründet (Claremont, 1931, S. 86). Das bedeutet, durch fehlende visuelle Wahrnehmung der eigenen Bewegung im Fahrzeug
und der Bewegung des Fahrzeugs auf der Straße wird während der Fokussierung
beispielsweise auf die Seiten eines Buches die Kinetose verstärkt. Das Mitfahren
im Pkw ist häufig frei von festen Aufgaben, wodurch die Wahl der Beschäftigung nach persönlichem Interesse und Wohlbefinden begonnen und beendet
werden kann (Ellinghaus & Schlag, 2001, S. 179). Unabhängig von individuellen
Bewältigungsstrategien, wie dem Beenden der Beschäftigung oder dem Öffnen
des Fensters, sind gegenwärtig keine direkten Lösungen zur Kinetosereduzierung
bekannt. Demgegenüber gibt es Forschungsarbeiten, die vielversprechende technische Lösungen präsentieren (Karjanto et al., 2018, S. 690; Konno et al., 2011,
S. 194; Morimoto, Isu, Okumura, et al., 2008b, S. 2). Worin die Ursachen für die
fehlende Weiterentwicklung für Serienfahrzeuge liegen, ist nicht klar erkennbar.
Gründe könnten die Bewertung der Wirtschaftlichkeit oder fehlende Kundenbe-
dürfnisse sein. Der technologische Fortschritt in der Fahrzeugtechnik könnte die
Relevanz gravierend beeinflussen.

Die Einführung des automatischen Fahrens (SAE International, 2014, S. 2)
verspricht Reisen im Pkw ohne die Aufgabe der Fahrzeugführung. Beim automatischen Fahren kann das Fahrzeug den Menschen von der Fahraufgabe entlasten
beziehungsweise vollständig die Kontrolle über das Fahrzeug übernehmen. Fah-
rerassistenzfunktionen[1] wie Abstands- und Spurhalteassistent geben heute bereits
einen Ausblick auf automatisch fahrende Fahrzeuge. Ein zu erwartender Vorteil durch die Benutzung automatischer Fahrfunktionen ist die gewonnene Zeit
für Beschäftigungen wie das Lesen oder Filmeschauen (Kyriakidis et al., 2015,
S. 135). Ausgehend vom aktuellen Stand der Wissenschaft besteht hierbei ein
erhöhtes Risiko für die Reisenden, Kinetosesymptome zu entwickeln. Da alle

---

[1] In dieser Arbeit werden vorrangig geschlechterneutrale Formulierungen für Personengruppen verwendet. Teilweise wurde im Sinne einer besseren Lesbarkeit eine geschlechterspe-
zifische Form akzeptiert. Das jeweils andere Geschlecht ist mit eingeschlossen, wenn keine
Unterscheidung stattfindet.

Personen in einem Fahrzeug nun Mitreisende sind, steigt die Anzahl der Betroffenen und entsprechend die gesellschaftliche Relevanz, der Kinetoseproblematik entgegenzuwirken.

1.2 Forschungsziel und Aufbau der Arbeit

Die beschriebene Kinetoseproblematik existiert, seitdem es Möglichkeiten der passiven Fortbewegung – wie Pkw-Fahrten – gibt. Die noch zunehmende Relevanz durch die Einführung des automatischen Fahrens ist aktuell theoretischer Natur, da Fahrzeuge, die diese Funktion bieten, auf dem Markt noch nicht gehandelt werden. Mehrere Forschungsgruppen prognostizieren jedoch die Veränderung des Kinetoserisikos für Mitfahrende in Fahrzeugen mit automatischen Fahrfunktionen und haben sich bereits mit Handlungsoptionen beschäftigt (Diels, 2014, S. 302; Sivak & Schoettle, 2015, S. 8; Wada, 2016, S. 171).

Der Stand der Wissenschaft zu den möglichen Ansätzen und zur Gestaltung technischer Lösungen wird als lückenhaft bewertet (Diels & Bos, 2021, S. 249; Meschtscherjakov et al., 2020, S. 8; Schartmüller & Riener, 2020, S. 37). Die Ursachen für die geringe Anzahl an Untersuchungen in diesem Feld könnten im hohen finanziellen und organisatorischen Aufwand für reale Versuchsfahrten liegen. Ein weiterer Grund könnte auch darin zu suchen sein, dass Untersuchungen in heutigen, realen Fahrzeugen eine schwer kontrollierbare Unbekannte berücksichtigen müssen: die Person am Steuer eines Pkws und die hiervon abhängige Fahrdynamik als Einflussfaktor für die Entstehung von Kinetose. Die volle Kontrolle über die Fahrdynamik in automatisch fahrenden Fahrzeugen eröffnet neue Möglichkeiten zur technischen Manipulation des Fahrzeugs. Die Existenz einer standardisierten Bewertung von mechanischen Anregungen hinsichtlich Motion Sickness (ISO 9241–210:2019, 2019, S. 6) unterstreicht, dass das Fahrzeug als Ursprung der menschlichen Symptomreaktion gesehen wird. Die ingenieurwissenschaftliche Analyse der Wirkung dieser Belastungen auf den Menschen zur ganzheitlichen Betrachtung der Mensch-Fahrzeug-Interaktion verspricht daher die notwendige Basis für die Entwicklung von kinetosereduzierenden Maßnahmen. Als Kinetose verursachende Faktoren gelten, neben der fahrdynamischen Anregung, physiologische und psychologische Merkmale, Mobilitätsverhalten, Aufmerksamkeit und Beschäftigung (Griffin, 1990, S. 286). Da die Entwicklung automatisch fahrender Fahrzeuge eine gestalterisch/technische Aufgabe eines Herstellers ist, gehört hierzu auch die Prüfung der Gebrauchstauglichkeit (Bleyer et al., 2010, S. 9). Ein Beispiel dieser Gebrauchstauglichkeit ist der Fahrstil als Akzeptanzfaktor (Roßner et al., 2019, S. 5). Ausgehend von diesen Argumenten wird im Rahmen der Arbeit die technische Analyse der Problemsituation sowie die Herleitung technischer Interventionen fokussiert. Medizinische und psychologische Aspekte erscheinen für die Untersuchung von Kinetose unerlässlich und werden daher ebenfalls berücksichtigt.

Für die Entwicklung und Bewertung technischer Lösungen ist es zielführend, das adressierte Problem klar zu beschreiben. Die experimentelle Nachstellung einer relevanten kinetosekritischen Problemsituation kann die erforderliche Grundlage zur Beobachtung von Einflussparametern liefern. Die Reizreaktion einer Kinetose ist maßgeblich von der Bewegungswahrnehmung durch das visuelle und vestibuläre System abhängig. Eine entsprechende Analyse der Augen- und Kopfbewegungen, die mittels objektiver Methoden der Bewegungsmessung quantifizierbar sind, zeigen ein großes Potenzial, Einflussparameter zu identifizieren (Hoshino & Nakagomi, 2013, S. 2019; Wada et al., 2012, S. 233). Für die Entwicklung technischer Interventionen zur Vermeidung von Kinetose stehen theoretische Überlegungen und empirische Beobachtungen aus verschiedenen Forschungsfeldern zur Verfügung.

Das Ziel dieser Dissertation ist es daher, das Verständnis für technische Interventionen zur Reduzierung von Kinetose im Pkw mithilfe einer systematischen Betrachtung der relevanten Mensch-Fahrzeug-Interaktion zu vertiefen.

 Systematische Identifikation von Interventionsmaßnahmen gegen Kinetose im Pkw unter Beachtung der Mensch-Fahrzeug-Interaktion.

Mithilfe der im Folgenden analysierten Literatur werden drei verknüpfte Forschungsfragen hergeleitet. Ein verbundener Aufbau der Forschungsfragen erlaubt eine ganzheitliche Betrachtung von Kinetose als Merkmal der Mensch-Fahrzeug-Interaktion. Die systematische Vorgehensweise beginnt mit der Untersuchung der Betroffenengruppe in Form einer Befragung. Die Identifikation anwendungsnaher Lösungen erfolgt anhand von Pkw-Versuchen in einem realitätsnahen Nutzungsszenario. Objektivierte Messgrößen dienen zur Beschreibung der Kinetoseausprägung und möglicher Bewegungsmuster. Die Vorgehensweise kann als Vorlage zur Entwicklung von Reduzierungsmaßnahmen genutzt werden.

Zum besseren Verständnis des Aufbaus der Arbeit ist der Informationsfluss in Abbildung 1.1 dargestellt. Nachdem die Motivation und das Ziel in den vorherigen Abschnitten geschildert wurden, erfolgt die Darstellung der Wissensbasis in Kapitel 2 Stand der Wissenschaft und Technik. Beginnend werden die Grundlagen und die Symptomatik der Reizreaktion Kinetose erörtert. Neben den theoretischen Konzepten zur Entstehung von Kinetose werden die für die menschliche Wahrnehmung relevanten Organe, das Auge und das Gleichgewichtssystem, betrachtet. Ergänzend erfolgt eine Diskussion relevanter Grundlagen der Interaktion zwischen Mensch und Fahrzeug, wofür technische und ergonomische Aspekte der Fahrzeugtechnik sowie Untersuchungsmethoden reflektiert werden. Darauf aufbauend wird als Kern der Arbeit Kinetose im Fahrzeug theoretisch behandelt. Es erfolgt die Analyse der technischen und organisatorischen Möglichkeiten, Kinetose zu erzeugen und systematisch zu untersuchen. Anschließend werden bekannte Möglichkeiten zur Reduzierung von Kinetose analysiert. Es werden drei Forschungsfragen als Fazit aus der theoretischen Analyse abgeleitet.

Zur Einleitung in Kapitel 3 Empirische Untersuchung werden die Forschungsfragen in ein Studiendesign überführt. Dieses beginnt mit Forschungsfrage 1, der Analyse von Nutzererfahrungen und -merkmalen anhand einer Befragungsstudie. Im Anschluss wird für Forschungsfrage 2 eine quantitative Beschreibung des Auftretens von Kinetose in einer realitätsnahen Observationsstudie erhoben. Aufbauend auf diesen Erkenntnissen werden prototypische Interventionen erarbeitet. Die Beantwortung von Forschungsfrage 3 adressiert die Wirksamkeit der Interventionen, welche im Realversuch der Interventionsstudie erhoben werden. Der Entwicklungsprozess der Interventionen wird in Abschnitt 3.4.1 beschrieben. Es folgt eine ganzheitliche Analyse der Auswirkungen aller Bedingungen auf die Mensch-Fahrzeug-Interaktion während einer Stop-and-Go-Fahrt. Eine Reflexion der theoretischen Analyse, durchgeführten Untersuchungen sowie gewonnenen Erkenntnisse findet in Kapitel 4 Zusammenfassung und Ausblick statt. Es werden sowohl Implikationen für die wissenschaftliche Untersuchung von Kinetose als auch für die praktische Steigerung des Insassenkomforts im Automobil benannt. Im Ausblick werden offene Forschungsfragen angesprochen.

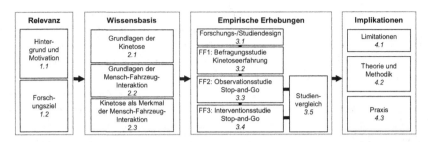

Abbildung 1.1   Aufbau der Arbeit. (Quelle: Eigene Darstellung)

Stand der Wissenschaft und Technik 2

Das Theoriekapitel ist in drei Abschnitte gegliedert. Zur Einführung in den Stand der Wissenschaft werden im ersten Teil die Grundlagen der Kinetose (2.1) dargestellt. Hierbei werden zunächst die Systeme vorgestellt, über die der Mensch Bewegungen wahrnimmt, und Theorien über die Entstehung von Kinetose erläutert. Im Anschluss werden die Symptome der Kinetose und die Häufigkeit ihres Auftretens erörtert. Aus der Perspektive der gewonnenen Erkenntnisse werden im zweiten Teil die Grundlagen der Mensch-Fahrzeug-Interaktion (2.2) näher betrachtet. Es wird analysiert, welche Aufgaben bei der Fahrzeugnutzung existieren und welche Veränderungen durch die Entwicklung des automatischen Fahrens zu erwarten sind. Ergänzend werden Methoden und Erkenntnisse zur Untersuchung der Mensch-Fahrzeug-Interaktion analysiert, um das Verhalten von Menschen im Fahrzeug zu verstehen und objektive Untersuchungsmethoden auszuwählen. Den Kern des Theoriekapitels bildet der Abschnitt Kinetose als Merkmal der Mensch-Fahrzeug-Interaktion (2.3). Es erfolgt die Betrachtung von Kinetose als Aspekt des Fahrzeugkomforts. Um die bestehenden Erkenntnisse einordnen zu können werden experimentelle Untersuchungsansätze beschrieben. Hierbei werden die Möglichkeiten und Limitationen bei der Forschung zu Kinetose im Pkw sichtbar. Abschließend werden Faktoren und Maßnahmen vorgestellt, die einen Einfluss auf die Symptomausprägung gezeigt haben. Im Detail werden visuelle und kinetische Interventionsmöglichkeiten für Kinetose im Pkw anhand

Ergänzende Information Die elektronische Version dieses Kapitels enthält Zusatzmaterial, auf das über folgenden Link zugegriffen werden kann https://doi.org/10.1007/978-3-658-41948-6_2.

der Literatur identifiziert. Als Analyse der Wissensbasis bildet Kapitel 2 im Ablauf der Arbeit (Abbildung 2.1) die Grundlage für die empirische Erhebung.

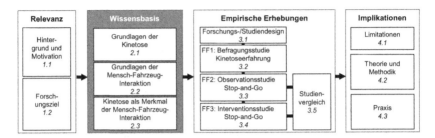

Abbildung 2.1 Aufbau der Arbeit (Kapitel 2). (Quelle: Eigene Darstellung)

Die Erstellung der Literaturübersicht erfolgte durch Kombination zufälliger und systematischer Methoden (Töpfer, 2012, S. 370). Die erste Identifikation relevanter Literatur erfolgte über eine Literaturliste, die anhand vorheriger Arbeiten am Fachbereich erstellt wurde. Ausgehend von dieser Literatur wurde mithilfe der Schneeballsuche anhand der jeweiligen Quellenverzeichnisse die Sammlung potenziell relevanter Literatur erweitert. Veröffentlichungen, die im weitesten Sinne Kinetose, Fahrzeugtechnik oder Mensch-Maschine-Interaktion adressierten, wurden in einer Literaturverwaltungssoftware erfasst. Im Zuge der Erfassung der jeweiligen Veröffentlichung wurden Schlagworte vergeben. Die Sammlung der Schlagworte erlaubt somit eine strukturierte Suche mithilfe von Boole'schen Operatoren auf Literatursuchplattformen. Hierbei kamen vorrangig englische und deutsche Begriffe zum Einsatz. Basierend auf Schlagwörtern wurden abschließend Benachrichtigungsdienste der Literatursuchplattformen aktiviert. Hierdurch konnte die digitale Bibliothek monatlich halbautomatisch aktualisiert werden.

2.1 Grundlagen der Kinetose

Unter dem Begriff Kinetose wird eine natürliche Reaktion des menschlichen Körpers auf „neue" Bewegungsprovokationen verstanden (Dobie, 2019, S. 1). Die Übersetzung dieses Begriffs mit Bewegungskrankheit deutet auf den Ursprung dieser Reizreaktion, die Wahrnehmung von Bewegung, hin (Bubb, 2015b, S. 497). Der Mensch muss zur Fortbewegung und Stabilisierung des Körpers seine Bewegungen mithilfe sensorischer Systeme kontrollieren und verarbeiten (Kemeny et al., 2020, S. 37). Zwei dieser Systeme sind das visuelle und das vestibuläre System. Darüber hinaus gehört zu diesen Sinnesorganen das somatosensorische System, das die Bewegung von Gelenken und die Aktivierung von Muskeln verarbeitet. Im Folgenden werden die Zusammenhänge zwischen den Wahrnehmungssystemen und dem Auftreten der für Kinetose typischen Symptome sowie dazugehörige Theorien erläutert.

Die Betrachtung von Umgebungen, die Kinetose hervorrufen, kann helfen, die Reaktion zu verstehen. Beispiele hierfür sind die Seefahrt, Raumfahrt oder Luftfahrt, die Benutzung von Landfahrzeugen sowie das Reiten von Tieren wie Kamelen (Reason & Brand, 1975, S. 102). Eine Gemeinsamkeit dieser Umgebungen ist die passive Bewegung eines Menschen. Weitere relevante Umgebungen, die sich von den aufgezählten unterscheiden, sind Hochhäuser, Kinos (im Besonderen 3-D-Kinos), Anzeigen virtueller Realitäten oder Computerspiele. Bei diesen Umgebungen ist ebenfalls die Bewegungswahrnehmung entscheidend (Diels & Bos, 2016, S. 376). Entweder befindet sich die Person in Ruhe ohne physische Bewegung, wobei die visuelle Wahrnehmung (gezeigte Bilder) dynamische Umgebungen abbildet, oder eine Person erwartet keine Bewegung – wie in einem Hochhaus, in dem es in höheren Stockwerken aufgrund der Wirkung des Windes dennoch dazu kommen kann.

Erste Erwähnungen von Kinetose in verschiedenen Transportmitteln können mindestens auf die Jahre 800 v. Chr. (griechische Literatur) und 300 v. Chr. (asiatische Literatur) zurückverfolgt werden (Huppert et al., 2017, S. 6). Wie auch Reason & Brand (1975, S. 2) beschreiben, erwähnte auch Hippokrates in seinen Schriften, dass „sailing on the sea proves that motion disorders the body", also Segeln auf dem Meer ein Beleg für die Störung des Körpers durch Bewegung ist. Eine wissenschaftliche Auseinandersetzung mit den Ursachen der Kinetose findet seit Ende des 18. Jahrhunderts statt. Eine Veröffentlichung von Irwin (1881, S. 907) ist nach Reason & Brand (1975, S. 7) bereits eine der Grundlagen für heute anerkannte Theorien. In dieser Veröffentlichung wurde die Bedeutung der Vestibularorgane hervorgehoben.

2.1.1 Systeme der Bewegungswahrnehmung

Das Vestibularsystem ermöglicht die Wahrnehmung von Bewegung und der Orientierung des Kopfes. In Anlehnung an Mitchell & Cullen (2017, S. 1 ff.) werden die Grundfunktionen erläutert. Die spiegelsymmetrisch angeordneten Organe sind jeweils im Bereich des Innenohres positioniert (Abbildung 2.2). Die Grundfunktion ist die Detektion von Kopfbewegungen und der Kopforientierung aufgrund von Beschleunigungen wie der Erdbeschleunigung. Diese Informationen werden zur Stabilisierung der Augen- und Körperbewegung an das zentrale Nervensystem weitergeleitet. Jedes vestibuläre Organ besteht aus zwei Komponenten zur Erfassung der beschriebenen Größen.

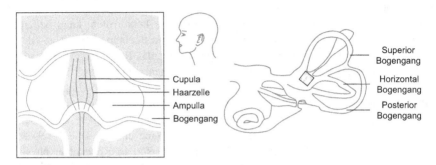

Abbildung 2.2 Aufbau eines Bogengangs. (Quelle: nach Kandel et al. (2014, S. 920))

Zum einen sind dies drei Bogengänge, die nach ihrer Ausrichtung (Superior, Posterior, Horizontal) benannt sind. Sie sind rechtwinklig zueinander angeordnet und ähneln jeweils einer ringförmigen Röhre. In den Röhren befindet sich eine Flüssigkeit mit der Bezeichnung Endolymphe. In einem vergrößerten Bereich der Röhre mit dem Namen Ampulle sitzt eine flexible Membran (Cupula). Die Cupula dient als Sperrschicht für die Flüssigkeit und reagiert auf deren Bewegung. Haarähnliche Zellen in der Cupula verändern ihre Ausrichtung und erzeugen ein elektrisches Signal, das durch das Nervensystem verarbeitet wird (Abbildung 2.2). Beispielsweise erhöht eine Kopfdrehung den Druck auf einer Seite der Cupula durch die Massenträgheit der Endolymphe und biegt die haarähnlichen Zellen. Das elektrische Signal wird über den Bogengangnerv zum zentralen Nervensystem gesendet. Entsprechend erfassen die drei Bogengänge die Kopfwinkelbeschleunigung, die die Beschreibung der Winkelgeschwindigkeit des Kopfes ermöglicht (Mitchell & Cullen, 2017, S. 2; Reason & Brand, 1975, S. 83).

Zum anderen erfassen jeweils zwei Otolithenorgane die lineare Beschleunigung (Reason & Brand, 1975, S. 84). Sie werden als Sacculus und Utriculus bezeichnet und unterscheiden sich in ihrer Ausrichtung im Raum. Der Utriculus erfasst Beschleunigungen auf der horizontalen Ebene und der Sacculus auf der zum Körper vertikalen Ebene. Hierbei kann nicht zwischen Beschleunigungen aufgrund der Erdgravitation oder aktiver (dem Laufen) beziehungsweise passiver Bewegung (der Autofahrt) unterschieden werden. Auch die Otolithenorgane enthalten haarähnliche Zellen wie die Bogengänge, wobei sie hier in einer gallertartigen Masse gebunden sind (Abbildung 2.3). Die Masse verschiebt den Schwerpunkt aufgrund der wirkenden Beschleunigung und führt zu einer Veränderung in der Intensität der elektrischen Signale. Diese Schwerpunktverschiebung ist zeitlich unabhängig und bei gesunden Personen nur von der Veränderung der Kopfbewegung abhängig (Mitchell & Cullen, 2017, S. 3).

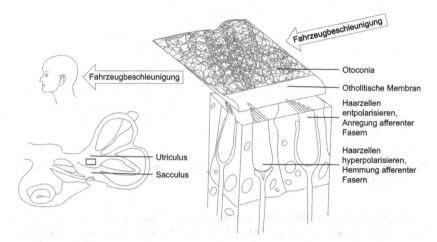

Abbildung 2.3 Aufbau und Wirkungsweise der Otolithenorgane. (Quelle: nach Kandel et al. (2014, S. 922))

Die Signale der fünf Sinnesquellen (drei Bogengängen und zwei Otolithen), als Afferenzen bezeichnet, werden über Nervenbahnen zum Hirnstamm geleitet. Durch Kopfbewegung werden Signale vom linksseitigen und rechtsseitigen Vestibularorgan erzeugt. Diese Signale dienen zur Steuerung von Reflexen wie dem vestibulookulären Reflex des Auges. Die vestibulären und visuellen Signale werden vom zentralen Nervensystem verarbeitet und dienen dazu, Lageveränderungen des Körpers zu erfassen, um sowohl reflexartige als auch bewusste Bewegungen auszuführen.

Die visuelle Bewegungswahrnehmung spielt für das Auftreten von Kinetose ebenfalls eine bedeutende Rolle, da dieses System Informationen über aktuelle und bevorstehende Bewegungen erfasst (Reason & Brand, 1975, S. 239). Im Folgenden werden die relevanten Funktionen des Auges basierend auf Holmqvist &

Andersson (2017) zusammengefasst. Ergänzungen anderer Quellen sind explizit benannt. Zur Analyse der visuellen Wahrnehmung kann eine Unterscheidung in Augenbewegung und Blickbewegung erfolgen (Seifert et al., 2001, S. 2017). Die Augenbewegung umfasst Merkmale, die bei der Betrachtung des Auges erhoben werden können. Für die Analyse von Blickbewegungen ist zusätzlich das Ziel der Augenbewegung, zum Beispiel ein Objekt oder Bereich, relevant. Im Folgenden wird eine vereinfachte Übersicht über die Funktionen des Auges gegeben.

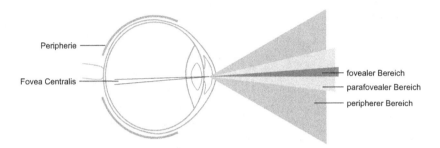

Abbildung 2.4 Aufbau des Auges und Bezeichnung der Sehbereiche. (Quelle: nach Schweigert (2003, S. 6))

In dem als fovealer Bereich gekennzeichneten Winkel erfolgt die hoch aufgelöste visuelle Wahrnehmung (Abbildung 2.4). Er wird durch den peripheren Sehbereich, in dem die Sehschärfe stark reduziert ist, ergänzt. Der foveale Bereich umfasst eine kreisrunde Fläche, die sich unter einem Austrittswinkel von circa $\varphi = 2°$ ergibt. Außerhalb dieser Fläche schließt sich der parafoveale Bereich im Winkel zwischen etwa $\varphi = 2°$ bis $\varphi = 10°$ an, in dem eine 30-prozentige Reduzierung der Sehschärfe gegenüber dem fovealen Sehen auftritt. Im peripheren Sichtbereich ($\varphi = 10°$ bis zu $\varphi = 100°$) besteht eine unscharfe und monochrome Wahrnehmung. Dieser Bereich ermöglicht die Wahrnehmung von schnellen Bewegungen und Änderungen in der Helligkeit (Hristov, 2009, S. 17). Zur Verbesserung der Wahrnehmung kann durch die Bewegung der Augen der foveale Bereich auf den Ort von Interesse gerichtet werden. Viele Lebewesen, darunter auch der Mensch, nutzen Mechanismen zur Augenbewegung, die als Sakkaden und Fixationen bezeichnet werden. Vereinfacht beschrieben wechseln die Augenbewegungen zwischen Fixationen, dem Verweilen auf Objekten, und Sakkaden, also schnellen Augenbewegungen zwischen Objekten. Die sakkadischen Bewegungen mit Geschwindigkeiten von maximal $\omega = 600 °/s$ sind ballistisch. Während dieser Bewegung ist keine Wahrnehmung möglich. Bei Fixationen mit geringer Bewegungsgeschwindigkeit ist die Wahrnehmung weiterhin gegeben. Bei Aktivitäten wie Gehen, Autofahren oder dem Verfolgen sich bewegender Objekte entstehen Körper- und Kopfbewegungen, die die Augen passiv bewegen. Bei einer idealen Fixation befindet sich das Auge in Relation zum betrachteten Objekt in Ruhe. Das bedeutet, dass sich weder das Objekt (zum Beispiel ein Haus) noch das Auge bewegt. Im Fall eines sich bewegenden Objektes (eines fahrenden Autos) wird die Bewegung durch eine Nachführung des Auges ausgeglichen. Diese Blickverfolgung von sich langsam bewegenden Objekten im fovealen Bereich (10 °/s bis 90 °/s) wird als Smooth Pursuit bezeichnet (Meyer et al., 1985, S. 562). Das betrachtete Objekt bleibt kontinuierlich im fovealen Bereich und damit maximal wahrnehmbar (Land, 2006, S. 298). Der Mechanismus zur Bewegungsverfolgung ist der optokinetische Reflex (OKR). Die Bewegung der Umgebung, die im peripheren Sichtbereich wahrgenommen wird, stimuliert eine entsprechende Reflexbewegung des Auges. Es findet eine Rotation des Auges in die Richtung der dynamischen Verschiebung des Bildes statt, um die Wahrnehmung zu verbessern. Bei aktiven Kopfbewegungen muss die Augenbewegung diese ausgleichen, um das Objekt betrachten zu können. Dieser Ausgleich findet als unbewusste Handlung statt, die von der Bewegungswahrnehmung des Vestibularsystems gesteuert wird. Der Mechanismus wird als vestibulookulärer Reflex (VOR) bezeichnet und erlaubt die Bildwahrnehmung bei Kopfbewegungen (Clément & Reschke, 2010, S. 165). Die verschiedenen Mechanismen stehen entweder im kontinuierlichen Wechsel zueinander oder ergänzen sich. Für die Analyse von Fixationen, die während der drei Bewegungsarten: Smooth Pursuit, OKR und VOR stattfinden, kann als Zusammenfassung der Begriff der langsamen Bewegungsphase (Slow Phase Movement) genutzt werden. Im Rahmen dieser Arbeit werden die langsamen Bewegungsphasen in Anlehnung an Kugler et al. (2015, S. 4) zur Vereinfachung als Fixationen bezeichnet.

2.1.2 Theoretische Herleitungen

Die sensorische Konflikttheorie (Sensory Conflict Theory) ist eine häufig genannte Begründung für die Entstehung von Kinetose und wurde nach Reason & Brand (1975, S. 103) erstmals von Claremont (1931, S. 86) formuliert. Demnach entsteht Kinetose aus widersprüchlichen Informationen über die räumliche Position und Bewegung, die aus den Eingangssignalen des vestibulären, visuellen und somatosensorischen Systems abgeleitet werden. Es existieren Weiterentwicklungen wie das Konzept der sensorischen Umorganisation (Concept of

Sensory Rearrangement) (Held, 1961, S. 30). Es ergänzt die Idee der Konflikt-theorie um den Widerspruch zwischen den Signalen der Sinnessysteme und einer erwarteten Signalkomposition. Diese erwartete Komposition (inneres Modell) ist ein Ergebnis der individuellen Bewegungshistorie und wird kontinuierlich auf der Basis aktueller Signale umorganisiert. Ein Beispiel ist die Kurvendurchfahrt in einem Pkw als aufmerksame mitfahrende Person. Hierbei ist der Beginn der Kurve anhand des Straßenverlaufs visuell erkennbar. Durch die Lenkbewegung der Fahrenden findet eine visuelle Verschiebung der Umgebung entgegen der Lenkrichtung statt. Parallel erfahren das Fahrzeug und die Mitfahrenden eine zentrifugale Beschleunigung, die quer zur Fahrtrichtung gerichtet ist. Die Ver-arbeitung der Beschleunigung durch das vestibuläre System sowie der visuellen Bildinformationen werden kontinuierlich mit den von dieser Kurvendurchfahrt erwarteten Signalen verglichen. Für aufmerksame Mitreisende stimmen alle Infor-mationen überein. Für den Fall der Ablenkung des Blickes von der Straße, beispielsweise auf ein Buch, ergeben sich Unterschiede zwischen den Signalen des visuellen und vestibulären Systems sowie zu den erwarteten Signalen. Diese Unterschiede werden als Ursache für die Entstehung von Kinetose gesehen.

Eine Weiterentwicklung ist die Theorie der subjektiven Vertikalen, die als eine Vereinfachung des zuvor genannten Konzepts gesehen werden kann. Dem Auftreten von Kinetose liegt nur der folgende Konflikt zugrunde:

> „All situations which provoke motion sickness are characterized by a condition in which the sensed vertical as determined on the basis of integrated information from the eyes, the vestibular system and the nonvestibular proprioceptors is at variance with the subjective vertical as predicted on the basis of previous experience."
>
> Bles et al. (1998, S. 481–482)

Demnach wird die aktuelle Ausrichtung des Körpers relativ zu einem als normal definierten vertikalen Vektor geschätzt und mit einer subjektiv erwar-teten Ausrichtung verglichen. Das bedeutet, dass der Konflikt der sensorischen Informationen nur dann Kinetose erzeugt, wenn die dynamische Anregung die vertikale Ausrichtung des Körpers beeinflusst. Die Autoren erläutern dies auch am Beispiel einer Autofahrt. Bei einer Nachtfahrt auf einer kurvigen Straße variiert der Beschleunigungsvektor, der aus horizontalen Anregungen und der Erdbeschleunigung resultiert, kontinuierlich durch das Durchfahren der Kurven. Parallel kann das visuelle System aufgrund der Dunkelheit ausschließlich den sta-tischen Innenraum erfassen. Das Ergebnis der aktuell wahrgenommenen Richtung des Beschleunigungsvektors entspricht hierbei nicht der erwarteten Ausrichtung ausgehend von einem stehenden Innenraum.

Darüber hinaus existiert die Theorie der Haltungsinstabilität (Postural Instability) nach Riccio & Stoffregen (1991, S. 195). Sie führen Kinetose auf den Verlust der Stabilität des Körpers zurück. Sobald die Haltungsstabilität des Körpers in einer dynamischen Situation nicht mithilfe bereits erlernter Reaktionen kompensiert werden kann, stellt der Kontrollverlust die Ursache für Kinetose dar. Es können sowohl sehr kurze und intensive Stimulationen als auch kontinuierliche kleine Anregungen diese Instabilität erzeugen.

Eine weitere Theorie, die zusätzlich den Zusammenhang zwischen der Stimulationsumgebung und den auftretenden Symptomen herleitet, formulierte Treisman (1977, S. 494). Die drei genannten Systeme zur Koordination von Bewegungen (visuell, vestibulär, somatosensorisch) werden kontinuierlich verglichen, verarbeitet und zur Ausführung der Bewegungen plausibilisiert. Hierbei entsteht eine Kalibrierung ausgehend von den Zusammenhängen zwischen diesen Signalen. Werden wiederholt Unregelmäßigkeiten erkannt und die Signalkompositionen als unplausibel eingestuft, werden diese als ein Fehler gewertet. Der Autor identifiziert das Auftreten eines solchen Fehlers auch infolge von Vergiftungen des Nervensystems („Poisen" / Evolutionary Theory, Lackner (2014, S. 2501)). Aus evolutionärer Sicht ist die Reaktion des Körpers auf diese Art Fehler mit Erbrechen förderlich, um giftige Substanzen auszuwerfen. Die dem Erbrechen vorausgehende Erfahrung des Symptoms Übelkeit kann das Ziel haben, in der Zukunft Stoffe, die zu Vergiftungen führen, nicht mehr zu sich zu nehmen. Diese Theorie baut auf den Ansätzen der Konflikttheorien auf und liefert eine geschlossene Herleitung des Phänomens Kinetose.

Die vier genannten Herleitungen basieren auf der visuellen und vestibulären Wahrnehmung von Bewegungen. Daher verstärken sie die Fokussierung auf die zwei dazugehörigen sensorischen Systeme Augen und Vestibularsystem zur Herleitung von Interventionsmaßnahmen. Die unterschiedlichen Interpretationen der menschlichen „Signalverarbeitung" offenbaren weiteren Forschungsbedarf auf dem Gebiet der Neurologie zum besseren Verständnis der Reaktionen auf die Bewegungswahrnehmung (Yates et al., 1998, S. 395). Indirekt kann die angewandte Forschung, wie im Bereich der Fahrzeugtechnik, durch objektive Beschreibung des menschlichen Verhaltens in den Problemsituationen einen relevanten Beitrag leisten.

2.1.3 Symptome

Kinetose wird über das Auftreten verschiedener Symptome erlebt (Dobie, 2019, S. 6–7). Häufig erscheinen Symptome in Abhängigkeit von Dauer und Intensität der Stimulation. Bestimmte Reaktionen können durch Beobachtung objektiv beschrieben werden. Ein Beispiel ist das Erbrechen, das häufig als die maximale Ausprägung einer Kinetose gesehen wird.

Die Literaturanalyse ergab, dass subjektive Benennungen und Beschreibungen der Symptome in Fachveröffentlichungen fest etabliert sind, wobei die explizite Herkunft der Begriffe häufig nicht klar benannt ist. Im Allgemeinen sind Schmerzen eines anderen Menschen, zu denen einige Symptome einer Kinetose zählen, nicht unmittelbar beobachtbar (Handwerker, 1984, S. 87). Beispielhaft unterstreicht die im Folgenden analysierte Arbeit von Muth et al. (1996) wie vielfältig die Interpretationsmöglichkeiten ausgehend vom Begriff „Nausea" sind. Die durchgeführte Literaturanalyse ergab keine explizite Auseinandersetzung mit Symptomen in deutschsprachigen Regionen, wodurch die vorgestellten Symptome direkte Übersetzungen aus der englischsprachigen Literatur sind. Ausgehend von der Übersicht nach Reason & Brand (1975) sind die wichtigsten Symptome aus der Übersetzung von Neukum & Grattenthaler (2006, S. 7) wie folgt:

> „Zu den Kardinalsymptomen und -anzeichen der Bewegungskrankheit gehören Übelkeit und Erbrechen als Symptome sowie Blässe und kaltes Schwitzen als Anzeichen *(Reason & Brand, 1975)*. Neben diesen am häufigsten auftretenden Symptomen und Anzeichen gibt es weitere, die nur gelegentlich berichtet oder beobachtet werden. Dazu gehören nach *Reason & Brand (1975)* erhöhter Speichelfluss, Seufzen, Gähnen, Hyperventilation, gastrische Anzeichen (Aufstoßen und Blähungen), Kopfschmerzen, Kopfdruck, Verwirrung, Angst, Schwächegefühl, Appetitlosigkeit, Anstieg der Körpertemperatur, Kältegefühl im Gesicht und den Extremitäten, ein Gefühl der Beengtheit im Hals oder auf der Brust und weiterhin Benommenheit oder Schläfrigkeit."

> Neukum & Grattenthaler (2006, S. 7)

Ein weiteres Symptom ist die Wahrnehmung von Schwindel. Bereits frühe Berichte erwähnen Schwindel (Herz, 1791; Mach, 1875) als große Herausforderung für den Menschen. Schwindel tritt auch als Krankheitsbild aufgrund von Veränderungen des Vestibularsystems oder des zentralen Nervensystems auf und bildet aus medizinischer Sicht ein eigenständiges Forschungsfeld. Im englischsprachigen Raum wird dieses Symptom mit den Begriffen Dizziness und Vertigo bezeichnet. Hierbei stellt Dizziness alle Arten von Schwindelwahrnehmung und

Vertigo spezielle Formen wie Drehschwindel dar, die auf dem Gefühl der Bewegung des eigenen Körpers oder der Bewegung der Umgebung beruht (Strupp & Brandt, 2008, S. 173). Diese Auflistung an Symptomen zeigt die Vielfältigkeit der körperlichen Reaktionen. Viele dieser Symptome entstehen nicht nur im Zusammenhang mit Bewegungen, wodurch die Detektion einer Kinetose erschwert wird (Lackner, 2014, S. 2494). Eine wichtige Komponente der Methoden zur Untersuchung von Kinetose ist die Befragung von betroffenen Personen. Die in den vorliegenden Studien am häufigsten genutzten Fragebögen werden in Tabelle 2.1 hinsichtlich der Symptomelemente verglichen. Hierbei sind sie nach der Anzahl der übereinstimmenden Elemente sortiert und nur Elemente mit mindestens zwei Übereinstimmungen aufgelistet. Eine vollständige Übersicht über die Elemente der Fragebögen gibt Anhang A im elektronischen Zusatzmaterial.

Tabelle 2.1 Übereinstimmungen bei Symptomlisten zur subjektiven Erfassung von Kinetose. (Quelle: Eigene Darstellung)

Symptome	Übereinstimmungen	MSQ —Pensacola Motion Sickness Questionnaire Kennedy & Graybiel (1965)	SSQ —Simulator Sickness Questionnaire Kennedy et al. (1993)	NP —The Nausea Profile Muth et al. (1996)	MSAQ —Motion Sickness Assessment Questionnaire Gianaros et al. (2001)
fatigue	4	X	X	X	X
sweating		X	X	X	X
dizziness		X	X		X
general discomfort	3	X	X	X	
nausea		X	X		X
stomach awareness		X	X	X	
blurred vision	2	x	X		
burping		X	X		
Difficulty concentrating		X	X		
difficulty focusing		X	X		
eyestrain		X	X		
fullness of head		X	X		
headache		X	X		
increased salivation		X	X		
vertigo		X	X		
drowsy		X			X
faint-like		X			X
as if he/she might vomit				X	X
hot				X	X
queasy				X	X
sick				X	X
tired				X	X

Bei der Bewertung von Symptomen durch Betroffene anhand von Listen treten teilweise Korrelationen zwischen Symptomen auf, die es ermöglichen, die Multidimensionalität von Kinetose zu vereinfachen. Beispielsweise unterteilen Kennedy et al. (1993, S. 206) in die Symptomgruppen Okulomotorik, Desorientierung und Übelkeit (EZM Anhang A: Tabelle 22). Einzelne Symptome sind in mehreren Gruppen vorhanden. Die Berechnung der Kinetoseausprägung sowie die Ausprägungen der Symptomgruppen ergeben sich aus den Einzelsymptomen. Ähnliche Ergebnisse zeigten auch die Untersuchungen von Muth et al. (1996) sowie Gianaros et al. (2001). Die Analyse der Symptomgruppen des Fragebogens NP (Muth et al., 1996) (EZM Anhang A: Tabelle 24) enthält Symptome in den drei Gruppen somatic distress [körperliche Leiden], emotional distress [emotionale Leiden] und gastrointestinal distress [gastrointestinale Leiden]. Der MSAQ (Gianaros et al., 2001) (EZM Anhang A: Tabelle 25) wurde entwickelt, um die Kategorie Sopite-Syndrom (Graybiel & Knepton, 1976) den bestehenden Symptomgruppen zu ergänzen. Die Autoren sahen diese Symptomgruppe in den bestehenden Fragebögen sowie bei Kinetoseuntersuchungen unterrepräsentiert. Nach Matsangas & McCauley (2014, S. 673) sowie Koch et al. (2018, S. 688) sind die Kennzeichen des Sopite-Syndroms eine reduzierte Vigilanz (Reaktionsbereitschaft) sowie Desinteresse und Lethargie infolge einer Bewegungsstimulation. Es zeigte sich, dass die Bewegungsumgebung (Automobil, Schiff, Simulator) einen Einfluss auf die Ausprägung von Symptomgruppen hat und Ursachen des Bewegungskonfliktes identifiziert werden können. Hierfür haben Drexler et al. (2004) herausgearbeitet, welche technischen Eigenschaften die Ausprägungen in den drei Skalen des SSQ beeinflussen könnten (EZM Anhang B).

Die komplexe Kinetosesymptomatik legt es nahe, bei der Erhebung besondere Aufmerksamkeit auf ihre vielfältigen Erscheinungsformen zu legen. Die Literaturanalyse zu Symptomen bei Kinetose ergibt eine große Anzahl verschiedenartiger Reaktionen sowie ihrer Bezeichnungen. Die Grundlagenliteratur (Golding & Gresty, 2013; Griffin, 1990; Reason & Brand, 1975) sowie die gezeigten Fragebögen stammen aus dem englischen Sprachraum. Deutschsprachige Publikationen beziehen sich häufig darauf (Probst et al., 1982, S. 410; Winner et al., 2015, S. 146) und eine kulturelle Unterscheidung bei Symptombezeichnungen ist nicht vorzufinden. Demnach existieren keine Belege, welche Symptombezeichnungen bei deutschsprachigen Personen im Alltag bei Kinetose im Pkw von besonderer Relevanz sind. Die Berücksichtigung der Erfahrung deutschsprachiger Personen kann eine Verbesserung in der Entwicklung und Bewertung von Interventionsmaßnahmen ermöglichen.

2.1.4 Häufigkeit

Angaben über die Häufigkeit von Kinetoseerfahrungen sind mit Vorsicht zu betrachten. So ist zum Beispiel zu beachten, dass befragte Personen verschiedene Symptome sowie ihre Ausprägung rückblickend einer Kinetose als Ursache zuordnen müssen, um fundiert zu antworten. Üblicherweise vermeiden Personen jedoch Situationen und Tätigkeiten, in beziehungsweise bei denen sie die Erfahrung von Kinetose gemacht haben, wodurch ihre Kinetoseerlebnisse teilweise lange zurückliegen (Dobie, 2019, S. 34). Es wird angenommen, dass jeder Mensch mit einem funktionierenden Vestibularsystem Kinetose infolge einer Bewegungsstimulation erfahren kann (Reason & Brand, 1975, S. 28). Die individuelle Wahrnehmung hängt davon ab, ob eine Person in eine provozierende Situation kommt und wie diese verarbeitet wird. In einer Befragung aus dem Jahr 1967 gaben 90 % von 300 befragten Studierenden an, bereits Kinetose erfahren zu haben (Reason, 1967, S. 136). Davon hatten 53 % das Symptom Übelkeit bei Autofahrten erlebt. Eine weitere Untersuchung für lange Busreisen mit 3256 Teilnehmenden ergab, dass sich 28 % der Reisenden während dieser Fahrten aufgrund von Kinetose unwohl fühlten (Turner, 1999, S. 447). 58 % der Busreisenden gaben an, in der Vergangenheit schon einmal unter Kinetose gelitten zu haben. Am häufigsten waren hierbei mit 37 % entsprechende Erfahrungen während Autofahrten.

Hinsichtlich der Empfindlichkeitsunterschiede für Kinetose stellen das Geschlecht und Alter zwei bedeutende Prädiktoren dar (Förstberg, 2000, S. 30). Beobachtungen zeigen eine fallende Kinetoseempfindlichkeit im Pkw mit steigendem Alter. Reason (1967, S. 302) belegte im Rahmen der erwähnten Befragung eine um etwa 10 % höhere Anfälligkeit bis zum 12. Lebensjahr. Zwischen dem 12. und etwa 20. Lebensjahr reduziert sie sich. Diese Entwicklung kann auf eine Anpassung des inneren Modells zurückgeführt werden. Ob ein Absinken der Empfindlichkeit danach anhält, ist nicht präzise erhoben. Es wird vermutet, dass ältere Menschen ausgeprägte Vermeidungsstrategien (Diels, 2009, S. 8) nutzen, wodurch die Auftrittshäufigkeit reduziert wird (Golding, 2006a, S. 71). Auch Paillard et al. (2013, S. 206) stellen eine rückläufige Anfälligkeit mit steigendem Alter fest, wobei zwischen dem 50. und 60. Lebensjahr die geschlechtsspezifische Differenz am größten ist. Frauen in verschiedenen Altersklassen berichten über eine höhere Kinetoseanfälligkeit (Lamb & Kwok, 2014, S. 5) und entwickeln auch während der experimentellen Bewegungsstimulation stärkere akute Symptome (Flanagan et al., 2005, S. 645). Die Ursachen für diese Unterschiede sind bislang nicht geklärt. Es wurde ein Einfluss bestimmter Hormone beobachtet, die auch im Zusammenhang mit dem Menstruationszyklus stehen. Diese Faktoren sind aktuell unzureichend erforscht und nicht belastbar (Dobie, 2019, S. 63). Nach Wilding & Meddis (1972, S. 619) sowie Reason & Brand (1975, S. 191) könnten bestimmte Ausprägungen der Persönlichkeitsmerkmale „Extraversion – Introversion" und „Neurotizismus" die Symptomwahrnehmung oder die Bereitschaft, darüber zu sprechen, verändern. Ein weiterer Einflussfaktor bei der Entstehung von Kinetose ist die Erfahrung aus früheren Bewegungsstimulationen. Reason (1978, S. 822) unterscheidet hier in die Phasen des ersten Kontakts, der Gewöhnung bei andauernder Stimulation sowie der Folgen direkt nach dem Erlebnis. Weitere Untersuchungen zeigen, dass die Kinetoseausprägung auch mit steigender Anzahl an Erfahrungen ähnlicher Bewegungsstimulationen sinkt (Turner & Griffin, 1999, S. 529). Darüber hinaus konnten Zusammenhänge mit der ethnischen Zugehörigkeit beobachtet werden. Klosterhalfen et al. (2005, S. 1053) beobachteten eine höhere Anfälligkeit bei Asiaten gegenüber Kaukasiern. Neben diesen Eigenschaften kann das Auftreten der Symptome auch durch die tagesaktuelle Verfassung einer Person verändert werden. Beispielsweise zeigen Langzeituntersuchungen, dass Müdigkeit zu einer höheren Anfälligkeit für Kinetose führt (Kaplan et al., 2017, S. 93). Weitere, die Ernährung betreffende Einflussgrößen, sind Hunger und Durst (Tjärnbro & Karlsson, 2012, S. 42).

Eine Berücksichtigung der genannten Faktoren und ihres Einflusses auf die Kinetosehäufigkeit in bestimmten Nutzergruppen kann damit dazu beitragen, den Komfort im Pkw zu erhöhen. Da Pkw-Nutzende im Fokus dieser Arbeit stehen, können die Erkenntnisse, aus britischen Busreisen (Turner, 1999, S. 447) einen guten Indikator liefern. Eine höhere inhaltliche Validität, für die im Rahmen dieser Arbeit angestrebten Untersuchungen, kann durch Befragung deutschsprachiger Personen im Pkw-Kontext erwartet werden. Offen ist, ob die Befragung verschiedener Altersgruppen Hinweise darauf geben kann, dass sich die Anfälligkeit gegenüber der von Reason (1967, S. 136) und Förstberg (2000, S. 30) untersuchten Studierenden altersbedingt verändert.

2.1.5   Zusammenfassung des Kapitels

Das Phänomen der Reise- oder Bewegungskrankheit (Kinetose) ist eine natürliche Reizreaktion des menschlichen Organismus auf bestimmte visuelle-, vestibuläre und somatosensorische Bewegungswahrnehmungen des Körpers. Das Auftreten von Kinetose wird vorrangig mit der Bewegungswahrnehmung durch die Augen und die Vestibularorgane assoziiert.

Bei der visuellen Wahrnehmung ist sowohl das hochaufgelöste Sehen im fovealen Bereich als auch die schemenhafte Bewegungserkennung im peripheren Sehbereich von Bedeutung. Verschiedene Bewegungsmechanismen des Auges wie Fixationen und Sakkaden, die teilweise durch Reflexe kontrolliert werden, beeinflussen während des Wahrnehmungsprozesses die Informationsverarbeitung. Die äußerlich nicht sichtbaren Vestibularorgane, die spiegelsymmetrisch jeweils im Bereich des Innenohrs verortet sind, erzeugen ähnlich komplexe Signale. Im Detail generieren jeweils drei Bogengangsorgane sowie zwei Otolithenorgane Botschaften, die der Kopfrotationsbewegung beziehungsweise der Beschleunigung des Kopfes entsprechen. Diese Bewegungswahrnehmung erlaubt die Stabilisierung des Körpers beim schnellen Gang oder steuert unbewusste Bewegungen wie den vestibulookulären Reflex zur visuellen Fixierung von Objekten während der Kopfbewegung. Die genannten Erkenntnisse bilden die Grundlage zur Untersuchung von Kinetose. Theorien wie die sensorische Umorganisation identifizieren ihre Ursache in Differenzen zwischen den genannten Signalen und der erwarteten Bewegung. Eine Kinetose lässt sich aufgrund von spezifischen Symptomen, die im Zusammenhang mit einer Bewegungssituation auftreten, erkennen. Symptome können als physiologische Reaktion äußerlich sichtbar sein (zum Beispiel Schweiß) oder ausschließlich durch die betroffene Person erlebt werden (zum Beispiel Schwindel). Die Einordnung der Symptome in Gruppen wie Okulomotorik, Desorientierung oder Sopite-Syndrom zeigt ihre Vielfältigkeit. Die Häufigkeit des Auftretens von Kinetose ist abhängig von individuellen Faktoren und der speziellen Bewegungssituation. Etwa 30 % bis 60 % der Bevölkerung zeigen mindestens eine geringe Empfindlichkeit für Kinetose im Pkw. Darüber hinaus ist die Eintrittswahrscheinlichkeit bei jüngeren Personen sowie Frauen höher.

Die Literaturanalyse zu den Grundlagen der Kinetose liefert ein solides Basiswissen zur Identifikation der Problemsituation. Zusätzliche Observationen von Menschen in realitätsnahen Bewegungssituationen können helfen, die äußeren Umstände sowie die Reaktionen des Menschen während der Stimulation zu quantifizieren, um die theoretische Herleitung zu festigen. Es zeigte sich, dass die Untersuchung von Kinetosesymptomen in deutscher Sprache bisher noch unzureichend ist. Des Weiteren ergab die Analyse zur Prävalenz, dass bisherige Untersuchungen vorwiegend junge Nutzergruppen befragten. Für die Bewertung des Phänomens Kinetose im Pkw ergibt sich hierdurch eine unklare Ausgangslage, die zu weiteren, eigenständigen Untersuchungen motiviert.

2.2   Grundlagen der Mensch-Fahrzeug-Interaktion

Bisherige Forschungsarbeiten betrachteten die Interaktion zwischen Mensch und Fahrzeug vorrangig mit einem Fokus auf die Fahrzeugführung (Bubb, Bengler, Grünen, et al., 2015). Historisch gesehen ist das nachvollziehbar, da die Kontrolle eines Autos aus komplexen Aufgaben besteht und Assistenzsysteme und Anzeigen zur Unterstützung erforscht wurden. Durch automatisch fahrende Fahrzeuge entfällt die Rolle der Fahrzeugführung (SAE International, 2014, S. 2) und neue Forschungsfragen zur Gebrauchstauglichkeit eines Fahrzeugs entstehen. Die fehlende Kontrolle über die Fahrzeugbewegung und ihre Folge der Komfortverschlechterung durch Kinetose gehören hierzu (Diels, 2014, S. 303). Perspektivisch führt der einhergehende Anstieg an Mitfahrenden unter den Fahrzeugnutzenden zu einer höheren Relevanz von Kinetose im Pkw. Für die Betrachtung der Interaktion Mensch-Fahrzeug sind die Grundlagen der Fahrzeugführung und der Rolle der Mitfahrenden relevant, da auch die individuelle Erfahrung mit der Fahraufgabe eine Bedeutung für das Verhalten hat. Im Folgenden werden die Interaktionen ausgehend von der Fahraufgabe als Herleitung für die Rolle von Mitfahrenden betrachtet. Zusätzlich werden Erkenntnisse aus objektiven Beobachtungen der Mensch-Fahrzeug-Interaktion sowie zugehörige Messmethoden analysiert.

2.2.1   Von der Fahrzeugführung zur automatisierten Fahrt

Die Fahrzeugführung ist nach Bubb (2015a, S. 29) als ein Regelkreis mit den Elementen einer verantwortlichen Person, dem Fahrzeug sowie externer Faktoren zu verstehen (Abbildung 2.5). Das Modell trennt in die Bereiche Fahrzeug und Person, um den Fluss der Informationen und Handlungen zu verdeutlichen. Die Informationen und Anforderungen aus der Umgebung werden zur langfristigen Manöverplanung oder kurzfristigen Stabilisierung genutzt. Benutzerschnittstellen am Fahrzeug ermöglichen die Übermittlung von Anforderungen, um eine Reaktion in Form der Fahrzeugdynamik zu erhalten.

Eine differenzierte Betrachtung der Fahraufgaben erlaubt ein Verständnis für die Fahrer-Fahrzeug-Interaktion. Bubb, Bengler, Breuninger, et al. (2015, S. 303–312) unterteilen die Aufgaben, abhängig von ihrer Bedeutung für die sichere Benutzung des Fahrzeugs, in drei Stufen (primär, sekundär und tertiär). Die primäre Fahraufgabe beinhaltet nach Geiser (1985, S. 77) die Bereiche Navigation, Führung sowie Stabilisierung. Hierzu zählt die Bewältigung eines Fahrmanövers wie der Geschwindigkeitsregulierung. Nach Bubb, Vollrath, Reinprecht, et al.

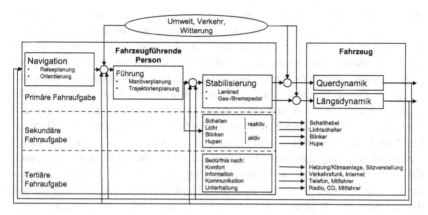

Abbildung 2.5 Regelkreis der Fahrer-Fahrzeug-Interaktion. (Quelle: nach Bubb (2015a, S. 29))

(2015, S. 115) ist die Aufgabe der Stabilisierung des Fahrzeugs (primäre Fahraufgabe) eine unbewusste modellbasierte Tätigkeit. Es findet ein lebenslanger Lernprozess statt, der den Zusammenhang zwischen Bewegungen des Lenkrads oder Gaspedals und Reaktionen des Fahrzeugs herstellt. Demnach existieren erlernte Handlungsmuster, die die Eingriffe und Erwartungen in den jeweiligen Verkehrssituationen beschreiben. Abweichungen zwischen Erwartungen und wahrgenommenen Reizen, wie beispielsweise beim Bremsverhalten auf glatter Straße oder bei visueller Ablenkung, müssen zusätzlich erlernt werden. Die sekundäre Fahraufgabe beschreibt Funktionen, die die Sicherheit von Umwelt und Mitfahrenden verbessern. Beispiele sind das Blinken oder die Benutzung des Scheibenwischers. Tertiäre Aufgaben umfassen die Bedienung untergeordneter Fahrzeuginformationssysteme (FIS) und Unterhaltungsfunktionen, die keinen Bezug zur Aufgabe der Fahrzeugführung und damit eine ablenkende Wirkung haben. Entsprechend der Bedeutung der primären, sekundären und tertiären Fahraufgaben sind auch die Bedienelemente und Anzeigen im Fahrzeug angeordnet. Die primären Elemente wie Pedalerie und Lenkrad sind direkt vor den Fahrenden positioniert. Hingegen ist zum Beispiel die tertiäre Funktion der Radioeinstellung beziehungsweise des Infotainmentsystems in der Fahrzeugmitte angeordnet. Diese zentrale Position im Fahrzeug ermöglicht eine Übergabe von tertiären Aufgaben an einen Beifahrenden.

Fahrerassistenzsysteme sind Funktionen, die den Menschen bei den genannten Fahraufgaben, häufig in speziellen Verkehrssituationen, unterstützen (Bubb &

Bengler, 2015, S. 528). Zu den Funktionen können beispielsweise das Automatik-
getriebe oder die automatische Regelung des Scheibenwischers zählen. Hiervon
unterscheidet sich eine Assistenzfunktion wie die Müdigkeitserkennung, da sie
das Fahrverhalten nur überwacht. Ein aktives Eingreifen in die Fahrzeugbewegung geschieht durch Systeme wie die adaptive Geschwindigkeitsregelanlage
(Adaptive Cruise Control, ACC) (Braess & Seiffert, 2013, S. 935). Ein ACC
übernimmt die Längsregelung des Fahrzeugs und kann als ein Vorgänger des
automatischen Fahrens gesehen werden (Bubb & Bengler, 2015, S. 537–538).
Ein Vorteil dieser Funktion besteht darin, eine Entlastung von der monotonen
Geschwindigkeitsregelung zum Beispiel in der Verkehrssituation des Stop-and-
Go zu bieten (Hennessy & Wiesenthal, 1999, S. 417). Die Fahrenden haben
hierbei keine direkte Kontrolle über die Längsbewegung, sondern überwachen
die automatische Regelung. Hierdurch kann eine Veränderung des mentalen
Modells der Nutzenden stattfinden. Zusätzlich wechselt die Verantwortung für
eine komfortable Fahrzeugbewegung zum herstellenden Unternehmen (ergänzende Erläuterungen unter Anhang C im elektronischen Zusatzmaterial). Während
der Regelung des Fahrzeugs auf der Basis von Sensorinformation hat bei aktuell
verfügbaren Systemen (maximal teilautomatisiert) der Fahrzeugführende weiterhin die volle Verantwortung und muss das System permanent überwachen
(Bubb & Bengler, 2015, S. 557). Die Einführung höherer Stufen (Hoch- und
Vollautomatisierung) des automatisierten Fahrens wird auf Autobahnen und für
Parkmanöver erwartet (Beiker, 2016, S. 201).

Mit der Befreiung von der Aufgabe der Fahrzeugsteuerung wird es technisch
möglich, sich mit Dingen zu beschäftigen, die den Blick vom Straßengeschehen
ablenken. Im Folgenden wird das Verhalten von Personen ohne Fahraufgabe als
Ausblick auf die Interaktion in hoch und voll automatisiert fahrenden Automobilen untersucht. Für eine Betrachtung der Mensch-Fahrzeug-Interaktion aus der
Perspektive der Mitfahrenden ergibt sich aktuell in manuell gefahrenen Pkw häufig die Konstellation Passagier-Fahrer-Fahrzeug. Eine ausschließliche Betrachtung
der Beziehung Passagier-Fahrzeug stellt die aktuelle Interaktion im Individual-
verkehr nur unzureichend nach. Aus den von Ellinghaus & Schlag (2001, S.
179) gesammelten Erkenntnissen leitet sich ab, dass die einzelnen Aufgaben
der Mitfahrenden stark situationsabhängig sind. Zu den Aufgaben gehören die
Navigationsunterstützung, die Bedienung von Fahrzeugsystemen mit tertiären
Funktionen, die Unterstützung bei Versorgung oder Müdigkeit, die Wahrnehmung
von Gefahren sowie die Entscheidungsfindung in schwierigen Situationen (Ellinghaus & Schlag, 2001, S. 100). Metker & Fallbrock (1994, S. 228) stellen fest, dass

bei älteren Personen die Mitnahme von Beifahrenden eine entscheidende Unterstützung bei vielen Fahrzwecken ist. Hierzu gehören die Orientierung sowie die Unterstützung in komplexen Verkehrssituationen.

Einen besonderen Faktor stellt die allgemeine Aufmerksamkeit der Mitfahrenden dar. Sie ist stark von deren Persönlichkeit sowie der jeweiligen Situation abhängig. Nach Schönhammer (1995, S. 20) besitzen Fahrzeugführende die notwendigen Informationen und die Kontrolle, um das Fahrzeug zu manipulieren. Demgegenüber können aktive Mitfahrende einen ähnlichen Wunsch zur Kontrolle verspüren, die sie aber nicht ausüben können. Beide Rollen erfassen die Anforderungen der Umwelt und spüren die Fahrzeugdynamik. Alternativ kann eine Person die Aufmerksamkeit auf fahrfremde Tätigkeiten richten, wodurch eine Veränderung des Wahrnehmungsverhaltens auftritt. Die individuell erlernten Modelle zum Situationsverhalten können im Zusammenhang mit dem Auftreten von Kinetose stehen.

Im Kontext der Nutzung von Automobilen wird häufig die Bezeichnung Nebenbeschäftigung oder Nebenaufgabe für fahrfremde Tätigkeiten genutzt. Grundlegend ist eine trennscharfe Unterteilung von Fahraufgaben nur schwer möglich. Beispielsweise kann die Stabilisierung des Fahrzeugs als Hauptaufgabe gesehen werden, wodurch die Blickabwendung während eines Überholvorgangs eine Nebenaufgabe darstellt. Es bietet sich daher an, nicht-kontinuierliche Aktivitäten als Nebenaufgaben zu bezeichnen (De Waard, 1996, S. 74).

Untersuchungen von Mitreisenden im Pkw oder Zügen erlauben die Ableitung von Beschäftigungen passiver Personen während hochautomatischer Fahrten (Diels, 2014, S. 304). Zum Beispiel untersuchten Petermann-Stock et al. (2013, S. 6) fahrfremde Tätigkeiten hinsichtlich ihrer Kontrollierbarkeit durch das Fahrzeug und wie leicht oder schwer Reisende einen Anreiz sehen sich davon zu lösen. Der Einfluss der Reisedauer und des Reisezwecks wurde von Susilo et al. (2012, S. 7) ermittelt. Mithilfe von Befragungen können auch Erwartungen an zukünftige Technologien erhoben werden. Kyriakidis et al. (2015, S. 135) fragten 4886 Teilnehmende aus 109 Ländern, welche Beschäftigungen sie abhängig vom Automatisierungsgrad ihres Fahrzeugs ausführen würden. Basierend auf diesen Untersuchungen erfolgt in Tabelle 2.2 eine Einordnung von Tätigkeiten, die durch Metz et al. (2014, S. 197) als repräsentativ identifiziert wurden. Ein Ergebnis der Befragungen ist, dass die Häufigkeit aller Aktivitäten in den höheren Automatisierungsstufen steigt. Ausgenommen sind hiervon die Elemente des Hörens von Musik sowie des Nichtstuns, welche daher nicht aufgeführt werden. Da Aufgaben mit hoher visueller Ablenkung ein höheres Risiko für Kinetose darstellen (Abschnitt 2.1.2), wird der Einfluss der Aktivität auf die visuelle Wahrnehmung der Fahrzeugumgebung betrachtet. Die Bewertung erfolgt anhand des Zeitbedarfs an visueller Aufmerksamkeit abseits der Fahrzeugumgebung.

In experimentellen Versuchsumgebungen besteht die Herausforderung, die Beschäftigung für die Teilnehmenden interessant und realitätsnah zu gestalten. Es ergeben sich die folgenden drei Lösungsansätze: „selbst gewählte Beschäftigung", „natürliche, kontrollierte Aufgabe" sowie „künstliche Aufgabe". Zu den natürlichen Aufgaben gehört das Betrachten eines Videos oder das Lesen eines Texts. Bei selbstgewählten Aufgaben werden die Teilnehmenden im Voraus aufgefordert, den Inhalt bereitzustellen. Künstliche Aufgaben sind beispielsweise der n-back Task, das Oddball-Paradigm und der 20-Questions Task (Feldhuetter et al., 2018, S. 18). Ein Vorteil von künstlichen Aufgaben ist, dass die Aufgabe es häufig erlaubt, die Leistung der Person objektiv zu messen. Für eine nutzerzentrierte Untersuchung sollten realistische Tätigkeiten (Tabelle 2.2) aus dem Alltag der Nutzenden gewählt werden. In einem realen Fahrversuch (Llaneras et al., 2013, S. 95) wurden Verhaltensmuster bei der Fahrzeugführung mit einem ACC-System und einer vereinfachten automatischen Fahrfunktion untersucht. Die automatische Fahrfunktion führte zu einem Anstieg riskanterer Beschäftigungen mit längeren Blickabwendungen von der Straße wie dem Lesen oder dem Greifen von Gegenständen. Die Autoren unterstreichen die Gefahr von visuellen Nebenbeschäftigungen in Fahrzeugen ohne Überwachung der Personen, da die Rückübernahme der Fahrfunktion beeinträchtigt sein kann. Demgegenüber kann auch die kognitive Unterforderung der für die Fahrzeugüberwachung zuständigen Personen während der Kontrolle der automatischen Fahrzeugführung negative Folgen auf die Rückübernahme haben. Ein kontrollierter Einsatz von Nebenbeschäftigungen hat daher das Potenzial, die mentale Aktivierung auf einem gewünschten Niveau zu halten (Feldhuetter et al., 2018, S. 16). Im Rahmen einer Simulatorstudie konnten die Autoren jedoch keine Verbesserung der Übernahmeleistung durch eine kontrollierte Nebenbeschäftigung nachweisen.

Die beschriebene Transformation der Rollen im Fahrzeug von der Fahrzeugführung zum Mitfahrenden ohne Verantwortung führt dazu, dass viele der Interaktionen der Bedienung und Beobachtung nicht mehr notwendig sind. Im besonderen Maße sind hiervon auch Aufgaben im Passagier-Fahrer-Fahrzeug-Verhältnis betroffen, da die Unterstützung des Fahrenden nicht mehr notwendig ist. Es ist daher mit einer massiven Reduzierung der bewussten Aufmerksamkeit für das Bewegungsverhalten des Fahrzeugs zu rechnen. Die Beschäftigung mit fahrfremden visuellen Aktivitäten stellt hierbei die höchste Stufe der Ablenkung von den Fahrzeugbewegungen dar. Ausgehend von den in Abschnitt 2.1

Tabelle 2.2 Merkmale fahrfremder Tätigkeiten. (Quelle: Eigene Darstellung)

Aktivität	Merkmale					
	Kontrollierbarkeit durch das Fahrzeug [gering (–4) bis hoch (4)]	Anreiz des Nutzenden zum Fortführen [gering (–4) bis hoch (4)]	Reisedauer mit höchster Häufigkeit [min]	Reisezweck mit höchster Häufigkeit [Pendeln/ Arbeit/ Freizeit]	Automatisierungslevel mit höchster Häufigkeit [Level 0 bis Level 5]	Wahrnehmung der Fahrzeugumgebung [gering/ gering bis hoch/ hoch]
Aus-dem-Fenster-Schauen	k. A.	k. A.	< 30	Freizeit	Level 5	hoch
Interaktion mit Mitfahrenden	gering (–3)	neutral (0)	< 15	Freizeit	Level 5	hoch
Rauchen	gering (–2)	neutral (0)	k. A.	k. A.	k. A.	hoch
Handy in der Hand zum Telefonieren	gering (–3)	neutral (1)	k. A.	Arbeit	Level 5	hoch
Tertiäre Fahraufgaben	hoch (3)	neutral (–1)	k. A.	k. A.	k. A.	gering bis hoch
Bedienung technischer Geräte	gering (–2)	neutral (1)	> 30	Arbeit	Level 5	gering bis hoch
Essen/Trinken	gering (–3)	neutral (0)	k. A.	Arbeit	Level 5	gering bis hoch

(Fortsetzung)

Tabelle 2.2 (Fortsetzung)

	Merkmale					
	Kontrollierbarkeit durch das Fahrzeug [gering (–4) bis hoch (4)]	Anreiz des Nutzenden zum Fortführen [gering (–4) bis hoch (4)]	Reisedauer mit höchster Häufigkeit [min]	Reisezweck mit höchster Häufigkeit [Pendeln/ Arbeit/ Freizeit]	Automatisierungslevel mit höchster Häufigkeit [Level 0 bis Level 5]	Wahrnehmung der Fahrzeugumgebung [gering/ gering bis hoch/ hoch]
Aktivität						
Tätigkeiten im Bezug zum eigenen Körper	gering (–3)	neutral (1)	k. A.	k. A.	k. A.	gering bis hoch
Suchen/ Sortieren/Greifen	k. A.	k. A.	k. A.	k. A.	k. A.	gering
Lesen/Schreiben/ Film	gering (–2)	neutral (0)	> 30	Pendeln/ Arbeit	Level 5	gering
Handy Bedienung	gering (–2)	neutral (0)	k. A.	Pendeln/ Arbeit	Level 5	gering
Schlafen	neutral (1)	hoch (3)	> 15	Pendeln	Level 5	gering
Metz et al. (2014, S. 197)	nach Petermann-Stock et al. (2013, S. 6)		Susilo et al. (2012, S. 7)		Kyriakidis et al. (2015, S. 135)	Eigene Bewertung

diskutierten Grundlagen steigt hierdurch das Risiko für Kinetose. Zur robusten Bewertung dieses Risikos müssen die Bewegungsstimulation sowie bekannte Einflussfaktoren von Kinetose im Pkw zusätzlich analysiert werden.

2.2.2 Untersuchung von Bewegungsstimulationen

In Produktentwicklungsprozessen ist es wichtig, die Interaktionen zwischen Anwendenden (Mensch) und Produkt (Maschine) zu verstehen (ISO 9241-210:2019, 2019, S. 6). Häufig werden realitätsnahe Situationen nachgestellt, um das Nutzerverhalten zu beobachten. Neben der Befragung der Teilnehmenden kann die Messung von Bewegungen oder Kräften am Körper objektive Erkenntnisse liefern (Bubb, Bengler, Lange, et al., 2015, S. 618). Für das Forschungsfeld Kinetose sind Kopf- und Augenbewegungen aufgrund der vestibulären und visuellen Wahrnehmung (Abschnitt 2.1.1) relevante Größen. Die Bewegungsstimulationen von Personen im Pkw ist vorrangig durch die Bewegungen des Fahrzeugs initiiert, die im Folgenden näher erläutert werden.

Fahrdynamische Stimulation
Um die Bewegung des Fahrzeugs und des Menschen im Fahrzeug eindeutig zu beschreiben, müssen zur Orientierung mehrere Koordinatensysteme in Relation zueinander festgelegt werden (Abbildung 2.6). Sie bestehen jeweils aus drei orthogonalen Achsen (x, y und z). Ein statisches Ursprungskoordinatensystem ist durch den Index 0 gekennzeichnet. Relativ hierzu wird das Fahrzeugkoordinatensystem durch den Index 1 (Fahrzeug und Unterkörper) definiert. Die Bewegung des Oberkörpers wird durch das System mit dem Index 2 (Oberkörper) beschrieben. Die menschliche Anatomie erlaubt eine, in gewissen Freiheitsgraden, vom Oberkörper unabhängige Bewegung des Kopfes. Im Modell lässt sich diese Bewegung durch das Koordinatensystem mit dem Index 3 (Kopf) abbilden. Zusätzlich kann (nicht dargestellt) ein Koordinatensystem (θ4, x4, y4, z4) eingeführt werden, um Augenbewegungen zu betrachten (Allison et al., 1996, S. 1079).
Zur detaillierten Beschreibung der Bewegungsmöglichkeiten eines Fahrzeugs dient das in Abbildung 2.7 gezeigte Koordinatensystem. Nach Ersoy et al. (2017, S. 52) kann die Fahrdynamik anhand der Bewegung in und um die drei Achsen x, y und z betrachtet werden. Die komplexen Bewegungsabläufe werden als Geradeaus- und Kurvenfahrt zusammengefasst. Parallel können Rotationen wie Gieren, Nicken, Wanken oder eine vertikale Hubbewegung auftreten. Sie werden hinsichtlich der physikalischen Größen Weg

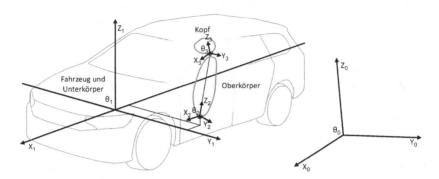

Abbildung 2.6 Koordinatensysteme des Fahrzeugs, Körpers, Kopfes. (Quelle: nach Kamiji et al. (2007, S. 1141))

[s]/Winkel [φ], Geschwindigkeit [v]/Winkelgeschwindigkeit [ω] und Beschleunigung [a]/Winkelbeschleunigung [α] analysiert. Zusätzlich kann für translatorische Bewegungen der Ruck [j], also die Änderung der Beschleunigung (Assmann & Selke, 2011, S. 30), eine für den Komfort relevante Größe darstellen (Canudas-de-Wit et al., 2005, S. 359).

Die Fahrdynamik von Straßenfahrzeugen wird in drei Bereiche getrennt: die Längsdynamik (x-Achse), die Vertikaldynamik (z-Achse) und die Querdynamik (y-Achse) (Ersoy, Elbers, et al., 2017, S. 52). Die Bewegungen der Längsdynamik entstehen aus Beschleunigungs- und Bremsvorgängen. Die Längsdynamik ist abhängig vom Antrieb, der Fahrzeugmasse und den Fahrbahneigenschaften. Die Vertikaldynamik ist die Folge von Anregungen in der vertikalen z-Achse. Zum Beispiel werden der Fahrkomfort und die Fahrzeugsicherheit durch die Reaktion des Fahrwerks auf Fahrbahnunebenheiten beeinflusst. Mit dem Begriff Querdynamik werden horizontale Bewegungen quer zur Fahrtrichtung beschrieben. Dazu gehört das Verhalten des Fahrzeugs bei Kurvenfahrten oder beim Spurwechsel.

Aufbauend auf den fahrdynamischen Grundbewegungen können Manöver wie das Fahren im Stop-and-Go, ein Spurwechsel oder eine Kurvendurchfahrt als Ablauf beschrieben werden. Hinsichtlich einer Automatisierung der Fahraufgabe ist besonders das Manöver des Stop-and-Go (ergänzende Erläuterungen unter Anhang D im elektronischen Zusatzmaterial) von Bedeutung, da die Einführung des automatischen Fahrens zunächst auf beschränkte Verkehrsflächen wie Autobahnen limitiert sein wird (Beiker, 2016, S. 201). Im Folgenden erfolgt die fahrdynamische Beschreibung dieses Vorgangs.

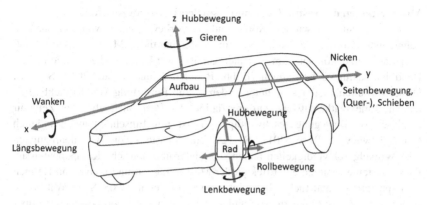

Abbildung 2.7 Bewegungssystem des Fahrzeugs. (Quelle: nach Ersoy, Gies, et al. (2017, S. 29) nach ISO 8855 70000)

   Die Verkehrssituation des Stop-and-Go kann aus fahrdynamischer Sicht in vier Phasen unterteilt werden. Auf den Stand ($v = 0$ m/s) folgt das Anfahren ($a > 0$ m/s^2), die konstante Fahrt ($v \neq 0$ m/s, $a = 0$ m/s^2) und das abschließende Bremsen ($a < 0$ m/s^2). Diese Phasen wiederholen sich in teilweise veränderter Reihenfolge. Wie durch Ersoy, Elbers, et al. (2017, S. 96) beschrieben, stehen die Antriebs- beziehungsweise Bremskraft, die durch Radumfangskräfte bewirkt werden, einer Trägheitskraft entgegen, die idealisiert im Gesamtschwerpunkt des Fahrzeugs wirkt. Der geometrische Zusammenhang führt zu Nickbewegungen des Fahrzeugaufbaus. Die Bewegungen des Aufbaus werden über die Feder- und Dämpferkomponenten moduliert. Als Schnittstelle zur Beeinflussung dieses Verhaltens steht die Pedalerie aus den primären Bedienelementen zur Verfügung. Darüber hinaus kann die Assistenzfunktion des ACC, bei der eine automatisierte Regelung auf der Basis von Fahrzeugumfeldinformationen erfolgt, die Steuerung übernehmen.
   Zur Identifikation einer technischen Intervention gegen Kinetose kann die Fokussierung auf ein spezielles Szenario der Interaktion zwischen Mensch und Fahrzeug von Vorteil sein, um die Anzahl an Lösungsmöglichkeiten zu verringern und die Realisierbarkeit der Intervention sicherzustellen (Doran, 1981, S. 36). Im Rahmen dieser Arbeit bietet sich hierfür die Fokussierung auf ein Verkehrsmanöver wie Stop-and-Go an.

Messmethoden des vestibulären und visuellen Bewegungsverhaltens
In diversen Studien wurden Kopf- und Körperbewegungen von Personen in
Fahrzeugen mithilfe von Kamerasystemen oder inertialen Messeinheiten erfasst.
Kamerasysteme können zum Beispiel genutzt werden, um die Position einer
Hand im Raum zu bestimmen (Bubb, Bengler, Lange, et al., 2015, S. 624).
Diese Verfahren bieten sich unter anderem zur Bewertung von Erreichbarkei-
ten an. Eine mathematische Differenziation der Positionen über die Zeit zur
Analyse von Bewegungsgeschwindigkeiten ist mit Einschränkungen möglich
(Cahill-Rowley & Rose, 2017, S. 12). Zur Messung von Beschleunigungen
oder Winkelgeschwindigkeiten bieten sich elektromechanische Komponenten an.
Diese Systeme basieren auf Effekten der Massenträgheit und können an Helmen
oder speziellen Mundstücken befestigt werden (Lee et al., 2003, S. 3). Wahlweise
stehen auch Messsysteme zur kombinierten Erhebung von Kopfbewegungen über
Inertialsensorik und Augenbewegungen über Kamerasysteme in Form von Bril-
lengestellen zur Verfügung. Ein Beispiel ist das in Abbildung 2.8 gezeigte System
EyeSeeCam (Schneider et al., 2009, S. 462).

Abbildung 2.8 Augen-
und
Kopfbewegungsmessung
mittels EyeSeeCam.
(Quelle: Volkswagen
(2018))

Die Kameras zeichnen hier die Bewegungen des Auges oder die Umgebung
auf. Für viele Fragestellungen genügt die Aufzeichnung eines Auges, da gesunde
Personen beide Augen synchron bewegen. Die Kameras sind entweder direkt
auf das Auge gerichtet (Tobii Glasses, Tobii-AB (2016, S. 14)) oder mithilfe
von Reflexionen über verspiegelte Gläser umgelenkt (EyeSeeCam, Schneider
et al. (2009, S. 462)). Alternativ werden distanzierte Systeme, auch als Remote
bezeichnet, angewendet. Hierbei wird eine Kamera aus der Umgebung auf die

Person gerichtet. Über eine Verortung von visuellen Gesichts- und Augenmerkmalen können Positionsveränderungen kontinuierlich ermittelt werden. Bei einer hohen optischen und zeitlichen Auflösung des Videos können die Kopfausrichtung und die Blickrichtung sowie ihre zeitliche Veränderung erfasst werden. Ein Vorteil des distanzierten Systems ist der höhere Komfort, da kein Gestell am Kopf getragen werden muss. Kopfgetragene Systeme sind demgegenüber unabhängig von den Kopf- und Blickorientierungen. Distanzierte Systeme können durch die feste Kameraposition nur einen begrenzten Bewegungsraum der Person abdecken. Im Innenraum von Fahrzeugen sind die Bewegungsmöglichkeiten im Allgemeinen gering, jedoch kann beispielsweise eine starke Blickablenkung von der Straße, wie beim Betrachten eines Handys, zu Erfassungsschwierigkeiten führen. Beide Verfahren zeigen aufgrund der bildbasierten Detektion von Bewegungen in Fahrzeugumgebungen prinzipbedingte Schwächen. So können zum Beispiel wechselnde Lichtverhältnisse und starke Relativbewegungen zwischen der Person und dem Messsystem zu mangelhaften Daten führen (Braunagel et al., 2015, S. 1095).

Die Wahl der Sensorik zur Bewegungsmessung des Menschen in Realfahrversuchen sollte in Abhängigkeit von den Forschungsfragen und unter Berücksichtigung der Anwendbarkeit in der Versuchsumgebung getroffen werden. Hinsichtlich der bedeutenden Kopfbeschleunigungen und -drehungen liefert die Verwendung kopfgetragener inertialer Mikrosysteme die höchste Genauigkeit. Um die Versuchsdurchführung zu vereinfachen, empfiehlt es sich, ein kombiniertes Messsystem zu wählen, das auch die Augenbewegungen erfasst. Es sind keine Nachteile eines kopfgetragenen Systems gegenüber einem distanzierten Augenbewegungsmesssystem bekannt, die eine separate Installation rechtfertigen.

Erkenntnisse zum vestibulären und visuellen Bewegungsverhalten
Die Reaktionen von Menschen auf Beschleunigungen in Körperlängs- und Körperquerrichtung zeigen bei Schlittenversuchen verschiedene Muster. Es traten primär zwei Reaktionstypen auf, die einer „steifen" und „lockeren" Gruppe zugeordnet werden konnten (Vibert et al., 2001, S. 855). Im Folgenden werden die Bewegungsmuster des Kopfnickens (Vibert et al., 2001, S. 859) sowie Kopfneigens (Vibert et al., 2001, S. 854–855) von Personen (Abbildung 2.9) näher beschrieben.

Bei einer Stop-and-Go-Fahrt erfahren im Fall einer positiven Beschleunigung ($a > 0$ m/s^2) aus dem Stand ($v = 0$ m/s) alle Körperteile, die im direkten Kontakt zum Fahrzeug stehen, eine positive Beschleunigung. Der Rücken der Person ist typischerweise mit der Sitzlehne verbunden. Im ersten Moment der ansteigenden Fahrzeugbeschleunigung findet eine Druckerhöhung zwischen dem Rücken

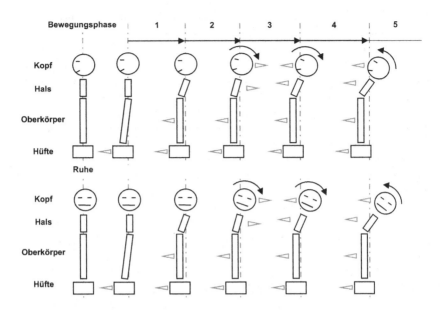

Abbildung 2.9 Insassenbewegung bei Längs- (oben) und Querbeschleunigung (unten). (Quelle: nach Vibert et al. (2001, S. 855,862))

und der Sitzlehne aufgrund der Massenträgheit der Person statt. Durch das elastische Verhalten beider Elemente deformieren sich diese bis zu dem Zeitpunkt eines Kräftegleichgewichts. Die Beschleunigung und Masse des Fahrzeugs ist in der Regel größer als die zu überwindende Trägheitskraft der im Fahrzeug sitzenden Person. Es findet daher ab dem Zeitpunkt des Kräftegleichgewichts eine Bewegung des Oberkörpers in Richtung der Fahrzeugbeschleunigung statt. Parallel befindet sich der Kopf in einer von zwei möglichen Positionen. Entweder liegt er an der Kopfstütze des Sitzes an oder er wird frei durch die Muskulatur gehalten. Für den Fall des Anliegens an der Kopfstütze tritt ein Verhalten wie im Bereich des Rückens auf. Das bedeutet, dass es zu keiner Nickbewegung kommt und translatorische Beschleunigungen auf das vestibuläre System wirken. Im Gegensatz hierzu kann es für den muskulär gehaltenen Kopf zu einer Bewegungsreaktion kommen. Der Kopf erfährt keine direkte Beschleunigung durch das Fahrzeug, da er in keiner Verbindung zu den Elementen des Sitzes steht. Der Oberkörper bewegt sich, sobald der Zeitpunkt des Kräftegleichgewichts überschritten wird, zusammen mit dem Gesamtfahrzeug in Richtung der

Beschleunigung. Der Kopf erfährt nun über die Verbindung der Halswirbelsäule eine komplexe Anregung. Durch eine Aktivierung der Hals- und Rückenmuskulatur kann eine Stabilisierung der Kopfposition erreicht werden. Bei geringer muskulärer Anpassungsreaktion kommt es zu einer Nickbewegung des Kopfes entgegen der Fahrtrichtung. Diese Bewegung erfolgt bis zu einer muskulären Gegenbewegung oder bis zum Kontakt mit der Kopfstütze.

Die zweite Situation ist die Fahrzeugverzögerung (negative Beschleunigung). Die physische Verbindung zwischen den Personen und dem Fahrzeug stellt sich hier anders dar. Anstelle der Sitzlehne bei positiver Beschleunigung muss nun die Reibung zwischen Sitzfläche und Person sowie die Haltekraft des Sicherheitsgurts die Verzögerungskräfte übertragen. Zu Beginn einer Verzögerung haben alle Elemente des Systems (Fahrzeug und Mensch) eine identische Geschwindigkeit ($v > 0$ m/s). Sobald eine Verzögerung ($a < 0$ m/s^2) des Fahrzeugs einsetzt, tritt durch den Kontakt zur Sitzfläche eine Verzögerung des Unterkörpers auf. Parallel lässt der Gurt nur eine geringe Vorverlagerung des Oberkörpers zu. Die Gravitationskraft verstärkt, abhängig von der Lehnenneigung, die Insassenverzögerung. Bei stärkeren Verzögerungen führt das Blockieren des Gurtes zur Übertragung der Fahrzeugverzögerung auf den Oberkörper. Einzig der Kopf ist nicht direkt an das Fahrzeug gekoppelt. Die Halswirbelsäule und die zugehörigen Muskelgruppen übertragen die Verzögerung des Oberkörpers auf den Kopf. Eine Nickbewegung des Kopfes ist die biomechanische Folgereaktion. Die kreisbahnähnliche Bewegung des Kopfes hängt von der muskulären Aktivität und dem Bewegungsraum der Halswirbelsäule ab. Besonders sensibel reagiert der Kopf auf die Reduzierung der negativen Beschleunigung. Dieser Ruck [m/s^3] der Fahrzeugbeschleunigung hat einen großen Einfluss auf die pendelartige Bewegung des Kopfes, da eine plötzliche Änderung der Beschleunigung schlecht kompensiert werden kann.

Im Vergleich zu dieser Bewegung bei längsdynamischer Anregung wie im Stop-and-Go erfolgt eine ähnliche Reaktion bei querdynamischer Anregung (Spurwechsel) (Abbildung 2.9, unten). Hierbei erfolgt die initiale Bewegung wieder über die Verbindung zum Fahrzeugsitz im Bereich der Hüfte. Mit einer Verzögerung erfolgt die Bewegung des Oberkörpers in die Richtung der Fahrzeugbewegung. Dies ist neben dem biomechanischen Aufbau des Menschen auch durch den Kontaktschluss zwischen Mensch und Sitz (Lehnenwangen) begründet. Nach einer weiteren Verzögerung erfolgt im Kopf und Halsbereich eine Rotation und Verschiebung entgegen der wirkenden Beschleunigung. Im Anschluss kommt es zu einer translatorischen Folgebewegung von Kopf und Hals in die Richtung der Beschleunigung, wobei die Kopfneigebewegung weiterhin entgegengesetzt erfolgt. In der letzten Bewegungsphase erfolgt eine Stabilisierung des Körpers zu einer vertikalen Ausrichtung im Raum.

Für die zuvor beschriebenen Verhaltensmuster zeigt sich, dass ihre Ausprägung von der anthropometrischen Beschaffenheit, dem Geschlecht und der Verzögerungsintensität beeinflusst wird (Carlsson & Davidsson, 2011, S. 128; Östh et al., 2013, S. 10). Im allgemeinen traten geringe Rotationen des Kopfes auf, wobei ein maximaler Ruck auch das Maximum der Kopfrotation herbeiführte. Die Untersuchungen von Östh et al. (2013, S. 27) zeigen in einer Bedingung mit aktiver Gurtstraffung, die zeitlich vor der Fahrzeugverzögerung aktiviert wurde, dass in einer wiederholten Exposition eine aktive Kopfgegenbewegung auftrat. Diese Gegenbewegung beziehungsweise körperliche Verspannung ist ein bekanntes Muster, das Personen in der Phase kurz vor einer Fahrzeugkollision zeigen. Die Autoren interpretieren diese vorzeitige Reaktion als Adaption an die aktive Gurtstraffung, einer Vorwarnung der Fahrzeugverzögerung. Untersuchungen dieser Art dienen vorrangig zur Auslegung von Sicherheitssystemen wie Airbags oder Sicherheitsgurten. Hinsichtlich der Kinetoseforschung können Kopfbewegungsmuster Informationen über die Aufmerksamkeit der Mitreisenden im Straßenverkehr liefern. Die Reaktion auf die bevorstehende Bewegung kann als Indikator der Antizipation gesehen werden. Vergleichbare Bewegungsmuster bei der Untersuchung von Kinetose könnten weitere Interventionsmaßnahmen erlauben.

Neben der Bewegungsanalyse des Kopfes ermöglicht auch die Interpretation von Augenbewegungen eine nutzerzentrierte Produktentwicklung unter Berücksichtigung der menschlichen Informationsverarbeitung (Seifert et al., 2001, S. 207). Untersuchungen zu Augenbewegungen im Fahrzeug fokussierten bislang vorwiegend den Aufgabenbereich der Fahrzeugführung, wodurch kaum Erkenntnisse über die Augenbewegungen von Mitfahrenden verfügbar sind (Braunagel et al., 2016, S. 19). Ein wichtiges Maß bei der Analyse von Augenbewegungen sind Fixationsdauern (Abschnitt 2.1.1). Die Dauer einer einzelnen Fixation kann als Ergebnis der verfügbaren visuellen Informationen und der zur Bewältigung der aktuellen Aufgabe notwendigen Konzentration gesehen werden. Ein Aspekt, der in Verbindung zu spezifischen Aufgaben steht, ist die Verteilung der visuellen Informationen über die Sehbereiche (foveal bis peripher). Untersuchungen durch Laubrock et al. (2013, S. 17) ergeben eine zeiteffiziente Fixationsstrategie. Das bedeutet, dass bei geringer peripherer Informationsdichte keine Kompensation durch eine Verlängerung der Fixation stattfindet. Diese Beobachtungen haben eine hohe Bedeutung, da die visuelle Wahrnehmung der aktuellen Position und Bewegung im Raum als Ursprung des sensorischen Konflikts einer Kinetose gesehen wird (Abschnitt 2.1.1). Während einer Fixation wird die aktuelle visuelle Information verarbeitet und die Position der nachfolgenden Fixation vorbereitet. Nach Galley et al. (2015, S. 10) benötigen diese Prozesse eine Mindestzeit, um neuronal bearbeitet zu werden. Auf dieser Basis beginnt die in Tabelle 2.3 aufgelistete Einteilung mit sehr kurzen Fixationen (< 90 ms), da nach aktuellem Kenntnisstand Fixationen dieser Länge auftreten, aber bewusste Prozesse der Informationsaufnahme kaum möglich sind. Mit steigender Bedeutung der visuellen Informationen im Bereich der kognitiv verarbeiteten Fixationen findet ein Anstieg der Dauer statt. Am Beispiel der Kommunikation zeigt sich jedoch, dass auch ohne kritische visuelle Information sehr lange Fixationen auftreten können. Alle Fixationsdauern bei einer Aufgabe wie der Fahrzeugführung mithilfe eines gemittelten Wertes darzustellen, bedeutet eine starke Verallgemeinerung. Beispielsweise weicht die Betrachtungsdauer eines Fahrzeugs über den Rückspiegel signifikant von der eines Verkehrszeichen ab (Schweigert, 2003, S. 86). Aus diesem Grund eignet sich zur detaillierten Analyse von Fixationsdauern die Verteilungshäufigkeit über die gesamte Aufgabenbearbeitung oder eine Unterteilung nach Blickzielen (Pelz & Rothkopf, 2007, S. 669). Aufgrund einer typischen linkslastigen Verteilung der Häufigkeiten ist für eine Verallgemeinerung der Median dem Mittelwert vorzuziehen (Galley et al., 2015, S. 3). Hinsichtlich der in Tabelle 2.3 angegeben Werte kann teilweise aufgrund fehlender Angaben nicht unterschieden werden, ob sie Mittelwerte oder Mediane darstellen. Die Übersicht erlaubt trotzdem eine Einordnung zentraler Tendenzen der Funktionskategorien und zugehörigen Praxisbeispiele.

Tabelle 2.3 Einflussfaktoren auf die Augenfixationsdauer. (Quelle: Eigene Darstellung kategorisiert nach Galley et al. (2015, S. 10))

Kategorie	Dauer [ms]	Praxisbeispiele	Quelle
Sehr kurze Fixationen	< 90	Lokalisation, antizipatorische Reaktion	Galley et al. (2015, S. 11); Velichkovsky et al. (1997, S. 325);
Express Fixationen	90 bis 150	Einfache kognitive Prozesse und antizipatorische Reaktion	Galley et al. (2015, S. 24)
Kognitive Fixationen	150 bis 900		
	200 bis 730	Fahraufgabe	Schweigert (2003, S. 85); Hristov (2009, S. 121);
	200 bis 350	Filmschauen	Zhang et al. (2013, S. 942); Dorr et al. (2010, S. 8);

(Fortsetzung)

Tabelle 2.3 (Fortsetzung)

Kategorie	Dauer [ms]	Praxisbeispiele	Quelle
	350 bis 450	Aufgaben räumlicher Vorstellung beim Fahren	Recarte & Nunes (2000, S. 36)
	350 bis 450	freie und entspannte Betrachtung der Umgebung	Pelz & Rothkopf (2007, S. 670)
	500 bis 850	Verkehrszeichen	Martens & Fox (2007, S. 34); Schweigert (2003, S. 85);
Sehr lange Fixationen	> 900	Auditive Aufgabe, Kommunikation	Schweigert (2003, S. 114); Velichkovsky et al. (1997, S. 325)

Die Fixationsdauer erlaubt neben der Identifikation von Aufgaben auch die Bewertung individueller Reaktionen und Eigenschaften. Dies kann die Beanspruchung durch kognitive Aufgaben oder die Fähigkeit zur räumlichen Orientierung sein. Demnach ergibt sich die Fixationsdauer aus der durchgeführten Aufgabe und den individuellen Fähigkeiten. Nach Recarte & Nunes (2000, S. 36) führt zum Beispiel eine Zusatzaufgabe mit räumlicher Vorstellung während des Steuerns eines Pkws zu einer Steigerung der Fixationsdauer gegenüber einer verbalen Aufgabe. In mehreren Untersuchungen zeigen Personen mit einem höheren räumlichen Vorstellungsvermögen geringere Fixationsdauern (Mueller et al., 2008, S. 213; Roach et al., 2017, S. 8). Als Erklärung wird eine schnellere Informationsaufnahme aufgrund einer höheren individuellen Leistungsfähigkeit gesehen (Galley et al., 2015, S. 10). Bei der Analyse möglicher Einflussfaktoren wie der kognitiven Fähigkeit sind Störgrößen wie Kopfbewegungen und die zugehörigen Augenreflexbewegungen zu berücksichtigen (Schulz et al., 2010, S. 49).

Ein weiteres Maß bei der Analyse von Fixationen ist die Verweildauer in einem ausgewählten Bereich. Für die Auswertung dieser Größe ist neben der Aufzeichnung der Augenposition, auch die Ausrichtung des Kopfes und eine Darstellung des betrachteten Umfeldes notwendig. Eine hohe Verweildauer auf einem Objekt kann als erhöhte kognitive Schwierigkeit interpretiert werden, da die Betrachtenden einen hohen Anteil der verfügbaren Zeit benötigen, um die vorhandenen Informationen zu verarbeiten. Diese Methode erlaubt die Identifikation von Objekten, die eine hohe Verarbeitungszeit benötigen. Im Fahrzeugkontext ist

besonders die Verweildauer von Blicken abseits der Straße von Bedeutung, da
sie von der Fahraufgabe ablenkt (Seifert et al., 2001, S. 212). Hinsichtlich der
jeweiligen Forschungsfrage ist zu entscheiden, ob eine Auswertung mit Bezug
auf das Betrachtungsobjekt notwendig und möglich ist. Besonders die Fahrzeugumgebung mit sehr verschiedenen Betrachtungsentfernungen zwischen dem
Fahrzeuginnenraum und der Straßenumgebung können nicht uneingeschränkt
erfasst werden.

Die visuelle Fixation von Objekten während der Fahrt in einem Auto ist von
äußeren Bewegungseinflüssen beeinflusst. Hierzu zählen sich bewegende Objekte
innerhalb und außerhalb des Fahrzeugs sowie Beschleunigungen des Fahrzeugs.
Situation wie das Stop-and-Go können zu einer kontinuierlichen Bewegung des
Kopfes führen. Die Geschwindigkeit der Augenbewegung während einer Fixation
hat das Potenzial, diese Belastung für den Menschen auszudrücken. Eine Referenz bilden Untersuchungen in natürlichen Umgebungen wie im Wald, an einer
Bahnstation oder in Wohnräumen. Sie zeigen, dass fünfzig Prozent der Bewegungen langsamer als $\omega = 10$ °/s waren. In wenigen Ausnahmen waren sie schneller
als $\omega = 60$ °/s (Einhäuser et al., 2007, S. 275). Erkenntnisse zur Augenfixationsgeschwindigkeit konnten im Fahrzeugkontext nicht gefunden werden. In einer
Untersuchung durch Lappi et al. (2013, S. 8) wurde die bedingt vergleichbare
Messgröße der Blickgeschwindigkeit betrachtet. Für den Fall, dass keine Bewegung des Kopfes stattfindet, entspricht die Blickbewegung der Augenbewegung.
Ein Ergebnis aus Kurvenfahrten ist, dass die Blickgeschwindigkeit mit dem optischen Fluss der Szene, die hinter dem Kurvenscheitelpunkt liegt, übereinstimmt.
Die parallele Betrachtung verschiedener Maße des visuellen Verhaltens ist wichtig, um Fehlinterpretationen zu vermeiden (Crundall & Underwood, 2011, S.
146).

Eine weitere relevante Metrik in der Objektivierung der Mensch-Fahrzeug-
Interaktion auf der Basis des Augenverhaltens ist der zeitliche Anteil geöffneter
Augen (PERLCLOS) in einem Betrachtungsintervall (Dingus, 1985, S. 33).
Dieser Kennwert ist geeignet, um Müdigkeit beziehungsweise Erschöpfung zu
detektieren. Dieser Zustand kann relevant für die Fähigkeit zur Rückübernahme
der Fahraufgabe nach einer automatischen Fahrzeugführung sein. Untersuchungen
im Fahrzeugkontext belegen, dass Zustände ohne Müdigkeit gegenüber dem bei-
nahe Einschlafen robust detektiert werden können (Feldhuetter, 2021, S. 149). Für
die Anwendung dieses Kennwertes muss berücksichtigt werden, ob zu erwarten
ist, dass in der Versuchsumgebung beide Zustände eintreten.

Eine kombinierte Verarbeitungsmethode von Augen- und Kopfbewegungen
zeigen Son et al. (2018, S. 6). Sie nutzen die Kopfbewegungen von Personen im

Fahrzeug zur Simulation von Augenbewegungen auf der Basis des vestibulookulären Reflexes (VOR) und des optokinetischen Reflexes (OKR). Anschließend
vergleichen sie die Augenbewegungen aus der Simulation mit der Realität.
Bei steigender kognitiver Belastung fällt die Vorhersagegenauigkeit des Modells
signifikant. Demgegenüber ist ihre Vorhersage für Fahrsituationen ohne eine entsprechende Belastung sehr gut. Diesen Ansatz des Vergleichs simulierter und
realer Augenbewegungen nutzen auch Omura et al. (2014, S. 1) zur Bewertung
des Komforts bei Bremsbewegungen in einer Laborsituation. Für solch einen
Vergleich zwischen Simulation und Messwerten sind empirisch fundierte und
robuste Simulationsmodelle notwendig. Für das Szenario Stop-and-Go stehen
aktuell keine vergleichbaren Informationen zur Verfügung.

Die Literaturanalyse zu vestibulären und visuellen Bewegungsmustern im
Bereich der Mensch-Fahrzeug-Interaktion zeigte sowohl individuelle als auch
allgemeingültige Reaktionen. Für die Entwicklung von Interventionsmaßnahmen
kann die Identifikation allgemeingültiger Reaktionen Ursachen für die Entstehung
von Kinetose liefern. Speziell für die Betrachtung der individuellen Empfindlichkeit für Kinetose können Abweichungen von einem üblichen Muster bedeutende
Indikatoren sein.

2.2.3 Zusammenfassung des Kapitels

Die durchgeführte Literaturrecherche bestätigt eine fundierte Wissensbasis zur
Interaktion zwischen Fahrzeugführenden und einem Fahrzeug. Die Bedien- und
Anzeigeelemente zur Ausführung der Aufgaben in einem Automobil ermöglichen eine aktive Führung wie das Navigieren, Steuern und Stabilisieren. Die
Anordnung der Bedienelemente folgt der Aufgabenpriorität der Fahraufgabe
und erlaubt vereinzelt eine kooperative Lösung der Aufgaben durch mehrere
Personen im Fahrzeug. Während der Fahraufgabe können aus visuellen Informationen der Umwelt sowie dem physischen Verhalten des Fahrzeugs Rückschlüsse
auf die momentane Fahrsituation gezogen werden. Die Eingaben am Lenkrad
oder über die Pedalerie werden kontinuierlich angepasst und Bewegungsmuster werden erlernt. Hierfür stellen das visuelle und vestibuläre System des
Menschen relevante Wahrnehmungskanäle dar. Die Automatisierung einzelner
Aufgaben der Fahrzeugführung erlaubt die Vereinfachung der Gesamtaufgabe
und steigert die Sicherheit, zum Beispiel durch ein Antiblockiersystem. Fahrerassistenzsysteme wie eine adaptive Geschwindigkeitsregelanlage beeinflussen
aktiv die Fahrzeugbewegung und erfordern vom Fahrzeugführenden eine kontinuierliche Überwachung. Durch die Kontrolle des Fahrzeugs wechselt die

Verantwortung für eine komfortable Fahrzeugbewegung zum Fahrzeughersteller. Zukünftige Formen des automatisierten Fahrens entlasten die Reisenden teilweise oder vollständig von der Überwachung der Fahraufgabe. Diese Zukunft weist allen Personen die Rolle der heutigen Beifahrenden zu. Aktuelle Beifahrerinnen oder Beifahrer unterstützen zum Beispiel bei den Aufgaben der Navigation, ohne jedoch direkt Einfluss auf die Fahrzeugbewegungen zu haben. Entsprechend ist auch die Aufmerksamkeit von Mitfahrenden gegenüber dem Fahrgeschehen sehr situations- und persönlichkeitsabhängig. Beispielsweise kann die Aufmerksamkeit auf fahrfremde Tätigkeiten wie Unterhalten, Essen oder Filmeschauen gerichtet werden. Für einige Personen sind perspektivisch genau diese Möglichkeiten die Motivation automatisiert zu fahren. Besonders Tätigkeiten mit einer hohen Ablenkung beeinflussen jedoch die Bewegungswahrnehmung und können verstärkt zu Kinetose führen.

Das Fachgebiet der Fahrzeugdynamik definiert systematische Beschreibungen der komplexen Fahrzeugbewegung und ermöglicht die Unterscheidung in Teilaspekten für die Untersuchung von Kinetose. Beispielsweise kann die Betrachtung einzelner Fahrmanöver, wie Stop-and-Go, die Problemstellung auf einen relevanten und untersuchbaren Lösungsraum reduzieren. Die Einführung des automatischen Fahrens wird vorerst auf gut kontrollierten Verkehrsflächen wie Autobahnen oder Parkflächen erwartet. Hier stellt besonders der Stau auf Autobahnen aufgrund der perspektivisch ansteigenden Verkehrsverdichtung ein gesellschaftlich relevantes Problem dar. Der Einfluss von Stop-and-Go-Fahrten auf das Risiko, eine Kinetose zu entwickeln, kann von hoher Bedeutung für die Einführung automatischer Fahrfunktionen sein.

Die in der Literatur beschriebenen Modelle der Fahrzeugführung und mentalen Aufmerksamkeit für die Fahrzeugbewegungen bilden den Ausgangspunkt für die Untersuchung der Mensch-Fahrzeug-Interaktion in automatisierten Automobilen. Mit der zunehmenden Entlastung der Fahrzeuginsassinnen und -insassen von der aktiven Fahrzeugführung und Fahrzeugkontrolle entsteht Raum für fahrfremde Beschäftigungsmöglichkeiten, die Kinetose begünstigen und damit das Wohlbefinden der Reisenden beeinflussen können. Daraus ergibt sich die Frage, inwiefern die nachlassende Aufmerksamkeit für die Fahrzeugbewegungen und die Verkehrssituation die Entstehung von Symptomen beeinflusst. Als mögliche Eckpunkte der Beobachtung können die Extreme „Wahrnehmung des Verkehrsgeschehens durch Blick in die Bewegungsrichtung" und „visuelle Fokussierung auf ein Display während der Fahrt" herangezogen werden. Hierbei ist zu erwarten, dass die Verkehrsumgebung Einfluss auf die Aufmerksamkeit der Mitfahrenden hat. Daher bietet es sich an, zunächst spezifische Fahrzeugmanöver zu betrachten und anschließend aus den Erkenntnissen einen aggregierten Lösungsansatz abzuleiten. Bei der Analyse der Mensch-Maschine-Interaktionen haben sich die zuvor beschriebenen technischen Methoden der Bewegungserfassung bewährt. Sie leisten einen wertvollen Beitrag zum empirischen Nachweis der theoretischen Erkenntnisse über die Bedeutung der vestibulären und visuellen Wahrnehmung für die Entstehung von Kinetose und sollten zum festen Bestandteil von Kinetoseuntersuchungen werden. Sie erlauben es beispielsweise, die individuelle Empfindlichkeit für Kinetose speziellen Charakteristiken im Bewegungsverhalten zuzuordnen.

2.3 Kinetose als Merkmal der Mensch-Fahrzeug-Interaktion

Das Auftreten von Kinetose bei Mitfahrenden im Pkw ist, wie in Abschnitt 2.1.4 Häufigkeit beschrieben, seit Langem bekannt. Etwa 46 % der Teilnehmenden einer aktuellen Befragung geben an, in den letzten fünf Jahren Kinetose im Pkw erlebt zu haben (Schmidt et al., 2020, S. 80). Die Nutzung automatisierter Fahrfunktionen kommt ohne die aktive Steuerung des Fahrzeugs durch den Menschen aus. Ausgehend von diesen Daten kann für knapp die Hälfte der Nutzenden mit einer Komfortverschlechterung gerechnet werden. Die Wahrnehmung von Komfort ist eng mit den Erwartungen an eine Situation verbunden (Vink & Hallbeck, 2012, S. 275). Demnach kann jede Kinetoseerfahrung die Wahrnehmungssensibilität in zukünftigen Situationen beeinflussen.

Die Motivation zu dieser Arbeit ist es, das Wohlbefinden von Menschen bei Pkw-Fahrten durch die Reduktion von Kinetosesymptomen zu verbessern. Hierfür muss eine experimentelle Umgebung mit hohem Realitätsbezug erstellt werden. Die Untersuchung der Mensch-Fahrzeug-Interaktion in Situationen, die die Entstehung von Kinetose begünstigen, verlangt hierbei sorgfältige Vorbereitung hinsichtlich der Provokationsbewegung sowie der Erkennung und Quantifizierung von Kinetose. Die Verbesserung für Situationen mit Kinetose könnte durch technische Interventionen erreicht werden. Einige der im folgenden benannten Untersuchungen adressieren sehr konkret die Problemsituation von Pkw-Nutzenden und veranschaulichen damit das vorhandene Potenzial zu Verbesserungen. Es handelt sich um prototypische Umsetzungen und Untersuchungen an ausgewählten Personengruppen. Der Status einer Innovation (Hauschildt, 2005, S. 3) in einem Endkundenprodukt wie einem manuell gefahrenen Pkw mit der notwendigen Verbreitung ist bisher nicht erreicht.

2.3.1 Fahrzeugkomfort

Kinetose im Fahrzeug kann dem Konzept von Komfort und Diskomfort zugeordnet werden. Der Begriff Komfort (vergleichbar mit dem Gefühl des Gefallens) ist weit verbreitet, wobei keine eindeutige Definition existiert. Nach Bubb, Vollrath, Reinprecht, et al. (2015, S. 146) kann Komfort mit Bezeichnungen wie behaglich, bequem oder zufrieden erklärt werden. Parallel existiert die Wahrnehmung von Diskomfort (vergleichbar mit dem Gefühl des Erleidens), die nach Zhang et al. (1996, S. 388) durch biomechanische Merkmale wie Haltung, physische Druckverteilung oder muskuläre Anspannung erzeugt werden kann. Hierbei treten Empfindungen wie Schmerz, Benommenheit oder Ungelenkigkeit auf. Darüber hinaus können auch soziale und psychologische Faktoren einen Einfluss auf das Empfinden von Komfort und Diskomfort haben. Komfort und Diskomfort gelten als nicht linear verbunden. Das bedeutet, dass die Reduzierung eines starken Drucks und der einhergehenden Schmerzen nicht direkt zum gewünschten Anstieg des Komfortempfindens führen muss (Bubb, Vollrath, Reinprecht, et al., 2015, S. 148). Die Symptome einer Kinetose können von den Betroffenen als ein mit Schmerzen vergleichbares Leid aufgefasst werden. Demnach stellen die verschiedenen Symptome eine Ausprägung des Diskomforts dar, den es zu vermeiden gilt.

Die Entstehung von Diskomfort durch Kinetose kann nicht isoliert betrachtet werden, da andere Aspekte der Mensch-Fahrzeug-Interaktion ebenfalls die Ursache für Diskomfort sein können. Es ist daher hilfreich, die Wirkungskette des Komfort-/Diskomfortempfindens zu verstehen. Hierfür stellt der Ansatz nach Vink & Hallbeck (2012, S. 275) ein geeignetes Modell dar (Abbildung 2.10).

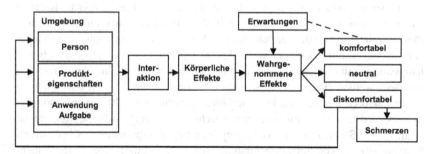

Abbildung 2.10 Komfort-/Diskomfort-Modell. (Quelle: nach Vink & Hallbeck (2012, S. 275))

In der Publikation werden die folgenden Abhängigkeiten formuliert: Zwischen
einer Person und einem Produkt entsteht eine Interaktion mit dem Ziel, das
Produkt zu nutzen. Diese Interaktion führt zu körperlichen Effekten bei der Person, beispielsweise durch eine Berührung oder Haltungsänderung. Diese Effekte
werden durch Erwartungen beeinflusst. Der resultierend wahrgenommene Effekt
wird durch die Person als komfortabel, neutral oder diskomfortabel eingestuft.
Unterschiedliche Elemente der Interaktion können sowohl Komfort als auch Diskomfort erzeugen. Eine Folge der Diskomfortempfindung können Schmerzen am
Bewegungsapparat sein. Der Komfort ist eng mit der Erwartung verbunden, da
komfortable Situationen häufig die Erwartungshaltung bilden. Hohen Diskomfort
kann eine Person durch eine Anpassung wie zum Beispiel eine Bewegung im Sitz
verringern. Hierzu kann auch das Beenden einer Tätigkeit wie des Filmschauens
im Pkw aufgrund beginnender Kinetosesymptome gehören. Ob den Nutzenden
die Ursachen bewusst sind oder die Zusammenhänge, die zu der Anpassung
geführt haben, ist nicht klar. Als Erweiterung des Komfort-/Diskomfort-Modells
(Abbildung 2.10) wurde der Einfluss von Elementen ergänzt, die in Versuchen zur
Komforterhebung durch das experimentelle Umfeld hinzukommen (Naddeo et al.,
2014, S. 4). Bei Kinetosestudien spielen die Erhebungsmethoden und Erwartungen an den Versuch eine kritische Rolle bei der Interpretation der gemessenen
Diskomfortgrößen.

Ausgehend von der abstrakten Beschreibung der Diskomfortentstehung werden im Folgenden konkrete Faktoren für Komfort und Diskomfort im Personen-
verkehr gesucht. Nach Oborne (1978, S. 45) führt eine systemische Betrachtung
des Gesamtkomforts von Mitfahrenden in Verkehrsmitteln zu einer Unterteilung
in drei Bereiche. Sie umfassen: den Fahrkomfort, den örtlichen Komfort und den
organisatorischen Komfort. Für einen Großteil öffentlicher Transportmöglichkei-
ten spielen der örtliche Komfort an Bahnhöfen und der organisatorische Komfort
wie Pünktlichkeit eine entscheidende Rolle. Für Situationen im individuellen
Pkw ist primär der dritte Bereich, der Fahrkomfort, von Bedeutung. Unabhängig
vom Transportmittel kann er nach den Komfortfaktoren: a) physische beziehungsweise Haltungsfaktoren, b) mentale Faktoren sowie c) Umgebungsfaktoren
unterteilt werden (Kogi, 1979, S. 634–635). Ensteht durch einen oder mehrere
dieser Faktoren Diskomfort, lässt sich diese Empfindung anhand von Störungen
in verschiedenen Bedürfnisbereichen beschreiben. Bubb, Vollrath, Reinprecht,
et al. (2015, S. 148) sehen das Konzept der Bedürfnispyramide als bedeutende
Struktur der Diskomfortwahrnehmung. Demnach existiert eine feste Reihenfolge an Bedürfnissen, die aus Nutzersicht erfüllt werden müssen, bevor das
nächsthöhere Element relevant wird. Die Abfolge der Bedürfnisbereiche, beginnend mit dem wichtigsten, ist: Geruch, Licht, Schwingungen, Lärm, Klima und

Anthropometrie. Unter diesen Faktoren haben besonders Schwingungen, also die physischen Bewegungen des Fahrzeugs (Abschnitt 2.1.1), einen hohen Einfluss auf die Entstehung von Kinetose. Im Folgenden wird daher die Bewertung von Schwingungen herausgearbeitet.

Bei Schwingungen handelt es sich häufig um zeitlich wiederkehrende Bewegungen, die mithilfe der Frequenz (Wiederholungen pro Sekunde in Hz) und Amplitude (Stärke der Bewegung) quantifiziert werden. Ursächlich für die Anregung des Menschen im Fahrzeug sind Fahrbahnunebenheiten, Vibrationen des Motors, die Kraftübertragung des Antriebsstrangs auf die Karosserie sowie aerodynamische Kräfte. Alle Bewegungen werden durch die beteiligten Komponenten modifiziert, da ihre Massen sowie Federungs- und Dämpfungsverhalten einen Einfluss auf die Schwingungen haben. Abhängig vom zeitlichen Verlauf eines Schwingungssignals erfolgt eine Unterteilung in sinusförmige, periodische, stochastische und impulsartige Anregungen. Die Wahrnehmung des Menschen von mechanischen Schwingungen reicht von $f = 0$ Hz bis maximal circa $f = 500$ Hz (Bubb, 2015b, S. 486) und erfolgt mithilfe des vestibulären Systems und weiteren Propriozeptoren des Körpers wie der Haut. Schwingungen über $f = 20$ Hz können auch über das auditorische System wahrgenommen werden. Nach Bubb (2015b, S. 488) treten im Fahrzeug Anregungen auf, die als besonders unangenehm empfunden werden (zum Beispiel $f = 4$ Hz, $f = 20$ Hz und $f = 200$ Hz). Bei der Analyse, wie sich Schwingungen auf den menschlichen Körper auswirken und welche Folgen sich daraus für Gesundheit, Kinetoseentstehung sowie Wahrnehmung und Komfortempfinden ergeben, kann auf die Norm ISO 2631-1:1997 (1997) zurückgegriffen werden. Zu den Einflussfaktoren gehören die Wirkungsrichtung sowie die Haltung des Menschen, die Anregungsfrequenz, die Wirkungsdauer und auch die Wirkungsfläche am Körper des Menschen. Die Bewertung erfolgt in Form der Effektivbeschleunigung ausgehend von der Expositionsdauer (Formel 2.1). Für die Bereiche Gesundheit sowie Komfort und Wahrnehmung wird die Anregungsrichtung in vertikal (z-Achse) und horizontal (x- und y-Achse) wirkende Schwingungen unterteilt. Speziell für die Bewertung von Kinetose definiert die ISO 2631-1:1997 (1997) eine individuelle Gewichtungsfunktion (Formel 2.2).

$$a_w = \left[\frac{1}{T} \int\limits_0^T a_w^2(t)dt \right]^{\frac{1}{2}}$$

a_w Frequenzgewichtete Root-Mean-Square Beschleunigung
$a_w(t)$ Frequenzgewichtete Beschleunigung als Funktion der Zeit t
T Dauer der Messung

Formel 2.1 Effektivbeschleunigung
Quelle: ISO 2631-1:1997 (1997, S. 6)

$$MSDV_z = \left\{ \int_0^T [a_w(t)]^2 dt \right\}^{\frac{1}{2}}$$

$MSDV_z$ Motion Sickness Dose Value in z-Richtung
$a_w(t)$ Frequenzgewichtete Beschleunigung als Funktion der Zeit t
T Dauer der Messung

Formel 2.2 Motion Sickness Dose Value
Quelle: ISO 2631-1:1997 (1997, S. 27)

Die Motion Sickness Dose Value (MSDV) basiert auf der mit der Gewichtung w_f berechneten Effektivbeschleunigung für die jeweilige Expositionsdauer. Der Vergleich mit Gewichtungsfunktionen in den Bereichen Gesundheit, Komfort und Wahrnehmung zeigt eine erhöhte Bewertung von Anregungen im niedrigeren Frequenzbereich von 0,1 bis 0,5 Hz. Die Grundlage der frequenzabhängigen Gewichtungsfunktion stammt aus der Bewegungsanalyse auf Schiffen und ist daher primär für die Bewertung von vertikalen Anregungen anwendbar. Zu Vergleichszwecken wird daher auch ein ungewichteter MSDV angegeben. Bei dieser Bewertung von Schwingungen ist zu berücksichtigen, dass Umgebungsfaktoren (Alter, Geschlecht, Temperatur, Lärm, Gesundheitszustand und Aufmerksamkeit) nicht angemessen berücksichtigt werden (ISO 2631-1:1997, 1997, S. 16). Eine Besonderheit der Effektivwertberechnung stellt die teilweise unzureichende Berücksichtigung von stoßartigen Anregungen dar. Dies geschieht aufgrund der Berechnung des quadrierten Mittelwertes. Bei der Beurteilung des Komforts erweisen sich diese kurzen intensiven Beschleunigungen als problematischer als periodische Schwingungen (Reichart, 2013, S. 14). Diese Schwäche wird in der Norm diskutiert und sollte bei ihrer Anwendung überprüft werden (Bubb, 2015b, S. 491).

Die Betrachtung von Komfort im Fahrzeug legt die Einordnung von Kinetose als komfortverschlechterndes Element nahe. Im Besonderen die Änderung der Aktivität oder Haltung aufgrund diskomfortabel wahrgenommener Effekte kann als Merkmal für das Auftreten von Kinetose dienen. Hinsichtlich der Umgebungsfaktoren des

Komforts sind besonders Schwingungen für die Entstehung von Kinetose bekannt. Die Standardisierung der Bewertung in Form des MSDV belegt die Relevanz. Jedoch ist die genaue Gewichtung der Beschleunigungen im Pkw-Kontext, aufgrund der vorrangig horizontalen Anregungen in x- und y-Richtung, im Sinne der Standardisierung unzureichend erforscht. Für die Untersuchung von Kinetose in Fahrversuchen erlaubt die Betrachtung des MSDV im Vorhinein eine allgemeine Abschätzung, wobei die nachträgliche Validierung anhand des realen Auftretens von Kinetose notwendig erscheint.

2.3.2 Untersuchung von Kinetose

Der Fokus der Recherche zu Kinetoseuntersuchungen liegt auf „natürlichen" Bewegungsumgebungen und Aktivitäten und soll die Grundlage liefern, nutzerzentrierte Interventionen zur Reduzierung von Kinetose im Pkw zu entwickeln. Dazu werden Untersuchungen aus Forschungsfeldern wie Medizin, Ingenieurwissenschaft oder Psychologie betrachtet. Für das Forschungsvorhaben zum Thema Kinetose wurden die folgenden Hauptherausforderungen herausgearbeitet: Manipulation der Bewegung, Detektion von Kinetose und allgemeine Durchführungsbedingungen. Diese Felder sind in Abbildung 2.11 als Schwerpunkte gekennzeichnet und werden innerhalb dieses Abschnitts separat betrachtet.

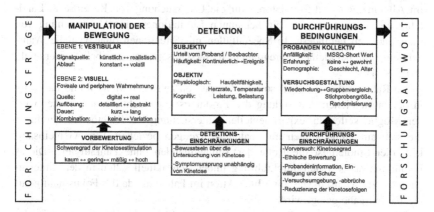

Abbildung 2.11 Systematik zur Versuchsgestaltung von Kinetose im Pkw. (Quelle: nach Brietzke et al. (2018, S. 1))

Eine Recherche im Jahr 2018 zur experimentellen Untersuchung von Kinetose im Automobil führte zu 35 veröffentlichten Arbeiten. Darüber hinaus existieren Laborexperimente mit schwingenden Plattformen (Griffin & Mills, 2002, S. 641), rotierenden Stühlen (Lentz & Collins, 1976, S. 12) und sich visuell bewegenden Anzeigeinhalten (Holmes & Griffin, 2001, S. 37), die ebenfalls helfen, die Kinetoseursachen zu verstehen.

Manipulation der Bewegung
Die weitverbreitetste reale Untersuchungsumgebung ist die Seefahrt. Um kontrolliert dynamische Versuchsbedingungen wie bei einer Schifffahrt nachzustellen, wurden Simulatoren mit bis zu sechs Bewegungsfreiheitsgraden und elektronischen Anzeigesystemen entwickelt (Feenstra et al., 2011, S. 195). Sie erlauben auch die Simulation von Umgebungen der Luftfahrt oder von Landfahrzeugen. Trotz großer Anstrengungen bei der Konstruktion dynamischer Simulatoren sind langanhaltende Beschleunigungen wie bei hohen Wellen oder dem Kurvenflug eines Flugzeugs aufgrund der kurzen translatorischen Verfahrwege der Simulatoren physikalisch nicht möglich. Eine übliche Methode zur Manipulation der Wahrnehmung ist die Neigung des Simulators, wodurch Mithilfe der Erdbeschleunigung der Eindruck von Horizontalbeschleunigung erzeugt werden soll (Adachi et al., 2014, S. 4). Diese unnatürliche Manipulation kann eine Ursache für die Entstehung von Kinetose in Simulatoren sein. Zusätzliche technische Limitierungen der visuellen Anzeigesysteme erzeugen weitere Wahrnehmungskonflikte. Im Allgemeinen sind Simulatoren für die Untersuchung von Kinetose in Landfahrzeugen ungeeignet, da die benannten Limitationen eine Untersuchung von Interventionen behindern. In Spezialfällen mit Situationen ohne visuelle Wahrnehmung und bei kleinen Anregungen ist eine Umsetzung plausibel (Kuiper et al., 2019, S. 4).

Im Rahmen dieser Arbeit soll die Interaktion zwischen Mensch und Fahrzeug in der tatsächlichen Anwendung des Produktes untersucht werden. Daher wurden Möglichkeiten zur experimentellen Untersuchung von Kinetose recherchiert, die sich auf Umgebungen mit realen Fahrzeugen beziehen. Eine Gemeinsamkeit aller Studien ist die Rolle der Teilnehmenden ohne Fahraufgabe. Dieses Paradigma der Versuchsdurchführung findet sich aktuell selten in den Untersuchungen zur Mensch-Maschine-Interaktion im Fahrzeug, da der Fokus häufig auf die Fahraufgabe gelegt wird.

Die ersten zwei Studien zu Kinetose im Pkw adressierten die Stimulation durch reine Längsdynamik. Vogel et al. (1982, S. 400) erzeugten Brems- und Beschleunigungsvorgänge in einem Krankenwagen auf einem abgesperrten Gelände. Die Teilnehmenden befanden sich im hinteren Teil des Fahrzeugs in einer sitzenden oder liegenden Position. Eine ähnliche Situation stellten auch Probst et al. (1982, S. 411) nach, wobei sich die Person auf dem Beifahrersitz eines Pkws befand. Die Personen hatten entweder volle Sicht auf die Umgebung, eine stationäre Landkartensicht oder verbundene Augen. In beiden Studien wurden die Fahrprofile manuell gefahren. Die Fahrzeugbeschleunigung wurde mittels Fahrzeugsensoren aufgezeichnet. Ziel der Studien war es, dass allgemein bekannte Auftreten von Kinetose im Pkw erstmals in einem kontrollierten Rahmen empirisch zu belegen. Es zeigt sich, dass die Anregung in der Fahrzeuglängsrichtung eine kinetosekritische Stimulation darstellt. Eine weitere Stimulation ist das Fahrmanöver des Slalomparcours (Kuiper et al., 2018, S. 170; Wada et al., 2012, S. 229). Hierbei werden auf einem abgesperrten Gelände Pylonen aufgestellt und von trainiertem Personal durchfahren. Diese Vorgabe erlaubt es, kritische Anregungsfrequenzen, zum Beispiel 0,2 Hz, zu erzeugen. Ein Kritikpunkt an diesen Manövern ist ihre geringe Bedeutung im Realverkehr.

In einer Vielzahl von Untersuchungen, wie bei Griffin & Newman (2004b, S. 710), Kato & Kitazaki (2006b, S. 467) sowie Isu et al. (2014, S. 91), stellten öffentliche Straßen die genutzte Umgebung dar. Die Versuchsbedingungen bestanden aus Fahrten auf festgelegten Strecken in Vororten mit geringem Verkehrsaufkommen und Fahrtdauern von 15 oder 30 Minuten. Die Fahrzeugbeschleunigung wurde hierbei aufgezeichnet, um die Versuchsfahrten auf Abweichungen zu überprüfen. Zur besseren Reproduzierbarkeit manueller Testfahrten entwickelten Karjanto et al. (2017, S. 6) ein Anzeigesystem, das aktuelle fahrdynamische Kenngrößen sowie vorgegebene Grenzwerte visualisiert. Den Ansatz der manuellen Fahrt auf öffentlichen Straßen übertrugen Morimoto, Isu, Ioku, et al. (2008, S. 1) auf eine kurvenreiche Route, um zu analysieren, wie sich die Aktivitäten „Buch lesen" und „Film schauen" im Vergleich zu einer passiven Mitfahrt auf die Ausprägung einer Kinetose auswirken. Diese öffentlichen Umgebungen haben den Vorteil, kostenfrei und realitätsnah zu sein. Nachteilig sind die veränderliche Dynamik der Fahrzeuge durch andere Verkehrsteilnehmer sowie ein erhöhtes Risiko für Verkehrsunfälle. Da das Auftreten von Kinetose direkt von der Dynamik des Fahrzeugs abhängig ist, sollte für einen validen Vergleich verschiedener Bedingungen eine hohe Reproduzierbarkeit der Fahrzeugdynamik angestrebt werden. Dies ist besonders bei kleinen Stichproben ($N < 30$) zu berücksichtigen.

Im Gegensatz zu dieser Testumgebung adressierten Turner & Griffin (1999, S. 521) in ihrer Befragung auf 56 Busreisen (Abschnitt 2.1.4) primär individuelle Einflussfaktoren auf Kinetose. Während der Busreisen bestand keine Möglichkeit, die Fahrzeugbewegungen zu kontrollieren, wodurch ein Vergleich zwischen den einzelnen Fahrten nur begrenzt möglich war. Zum Ende der Fahrt wurden die Reisenden nach ihrer Erfahrung mit Kinetose und den Erlebnissen während dieser Reise befragt. Der Vorteil dieses Vorgehens ist die Untersuchung des alltäglichen Auftretens von Kinetose. Eine Einflussgröße sind die gewählten Buslinien und dazugehörigen Routen sowie die unkontrollierte Zusammensetzung der Teilnehmenden.

Einen Ansatz, der sich hiervon bemerkenswert unterscheidet, nutzen Ekchian et al. (2016, S. 3) und DiZio et al. (2018, S. 823) mit ihren Untersuchungen in einem realen Fahrzeug. Sie haben Fahrzeugbeschleunigungen bei realen Messfahrten aufgezeichnet und die Charakteristik analysiert. Ein spezifischer Ausschnitt dieser Fahrten wurde für Versuche in einem stehenden Fahrzeug mithilfe von aktiven Feder-Dämpfer-Einheiten an jedem Rad abgespielt. Die Umgebung ähnelt dem Aufbau eines Fahrsimulators, der primär vertikale Beschleunigungen sowie kleine Rotationsbewegungen durchführt. Diese Methode erlaubt eine hohe Reproduzierbarkeit der Stimulation. Es ist jedoch zu hinterfragen, ob die primäre vertikale Anregung hinsichtlich des Auftretens von Kinetose im Pkw von hoher Relevanz ist (Diels & Bos, 2016, S. 376). Ungeachtet der Unterscheidung zwischen haupt- und nebensächlich verantwortlichen Anregungsrichtungen birgt die Reduzierung auf unnatürliche einachsige Stimulationen die Gefahr, neue Wahrnehmungskonflikte zu erzeugen (Simulator Sickness).

Ein abschließendes Beispiel eines realitätsnahen Experiments zur Untersuchung von Kinetose in Fahrzeugen sind kopfgetragene Anzeigen/Head Mounted Displays (HMD), die virtuelle Realitäten darstellen. Bei diesem Ansatz nach Karl et al. (2013, S. 47) führten die Teilnehmenden das Fahrzeug selbst. Eine Überlagerung der realen Umgebung durch das Anzeigesystem hat den Vorteil, Situationen in einer sicheren Umgebung (Testgelände ohne Verkehr) zu erzeugen, die in der Realität ein erhöhtes Sicherheitsrisiko (Auffahrt auf ein Stauende) darstellen würden. Die virtuelle Umsetzung birgt das Risiko aufgrund von technischen Limitierungen, wie einer verzögerten Anpassung der Darstellung, Kinetose zu erzeugen. Um Auswirkungen der virtuellen Anzeige auf die Kinetoseausprägung zu analysieren, wurde auf einem abgesperrten Gelände unter anderem eine Fahrzeugfolgefahrt – eine in der Realität häufig eintretende Situation – in der realen und virtuellen Umgebung durchgeführt. In der realen Umsetzung dieses Szenarios musste einem vorausfahrenden Fahrzeug gefolgt werden, dass wiederholt anfuhr und abbremste. Zusammenfassend führt die Ableitung der Möglichkeiten zur Bewegungsmanipulation für die Untersuchung von Kinetose in Anlehung an Abbildung 2.11 zu vier Methoden (Tabelle 2.4).

Tabelle 2.4 Methoden der Bewegungsmanipulation. (Quelle: Eigene Darstellung)

Methode	Vestibular	Visuell	Quelle
Fahrsimulator (6-DOF)	*Signalquelle:* künstlich ggf. basierend auf realen Messungen *Ablauf:* frei definierbar	*Signalquelle:* digital, vorrangig 2D Monitore/ Projektionen *Auflösung:* detailliert (Bildsynthese) *Ablauf:* frei definierbar (Dauer, Kombination)	Feenstra et al. (2011, S. 195); Kuiper et al. (2019, S. 4)
	Vorteil: hohe Kontrolle der Reproduzierbarkeit; geringes Unfallrisiko *Nachteil:* nur für ausgewählte Szenarien möglich, da Simulatorkrankheit berücksichtigt werden muss		
Fahrzeug auf abgesperrtem Versuchsgelände	*Signalquelle:* real *Ablauf:* im Rahmen des Geländes frei definierbar	*Signalquelle:* real/ digital* *Auflösung:* -/detailliert* *Ablauf:* im Rahmen des Geländes frei definierbar (Dauer, Kombination)	Vogel et al. (1982, S. 400); Probst et al. (1982, S. 411); Wada et al. (2012, S. 229); Kuiper et al. (2018, S. 170); *Karl et al. (2013, S. 44)
	Vorteil: Fahrzeug erlaubt natürlichen Bezug zur Nutzeranwendung; gewisse Kontrolle der Reproduzierbarkeit; geringes Unfallrisiko *Nachteil:* Versuchsgelände führt zu Einschränkungen in der Streckengeometrie wie Länge oder Kurvenradien; menschliche Fahrzeugkontrolle führt zu Schwankungen		
Fahrzeug im öffentlichen Raum (kontrolliert)	*Signalquelle:* real *Ablauf:* im Rahmen der Gesetzgebungen frei definierbar	*Signalquelle:* real *Auflösung:* – *Ablauf:* im Rahmen der Gesetzgebungen frei definierbar (Dauer, Kombination)	Griffin & Newman (2004b, S. 710); Kato & Kitazaki (2006b, S. 467); Isu et al. (2014, S. 91)
	Vorteil: natürlicher Bezug zum Nutzungsszenario und -umgebung; gewisse Kontrolle der Reproduzierbarkeit durch Streckenwahl *Nachteil:* menschliche Fahrzeugkontrolle und Berücksichtigung anderer Verkehrsteilnehmer führt zu Schwankungen in den Provokationen		

(Fortsetzung)

Tabelle 2.4 (Fortsetzung)

Methode	Vestibular	Visuell	Quelle
Fahrzeug im öffentlichen Raum (Feldversuch/ unkontrolliert)	*Signalquelle:* real *Ablauf:* Abhängig von den Versuchsteilnehmenden	*Signalquelle:* real *Auflösung:* – *Ablauf:* Abhängig von den Versuchsteilnehmenden	Turner & Griffin (1999, S. 521)
	Vorteil: natürliches Nutzungsszenario und Umgebung *Nachteil:* keine Kontrolle der Fahrzeugdynamik und Reproduzierbarkeit		

Detektion

Nachdem Methoden zur experimentellen Erzeugung von Bewegungsumgebungen betrachtet wurden, wird nun der Frage nachgegangen, wie die Symptome der Kinetose erfasst werden können. Dabei ist es wichtig, zwischen den Ursachen, wie zum Beispiel Augen- oder Kopfbewegungen, und den Folgen, wie ansteigendem Übelkeitsgefühl oder zunehmender Atemfrequenz, zu unterscheiden. Es werden subjektive und objektive Methoden zur Erhebung der Symptomausprägung vorgestellt. Grundlegend ist eine vollständige Objektivierung unwahrscheinlich, da Kinetose in unterschiedlichen Ausprägungen auftritt und aus verschieden Kombinationen von Einzelsymptomen bestehen kann (Probst et al., 1982, S. 412).

Eine Methode ist die Befragung mittels Symptomliste wie dem Pensacola Motion Sickness Questionnaire (MSQ) von Kennedy & Graybiel (1965, S. 8). Der Fragebogen beinhaltet 12 Anzeichen, die durch Beobachtung bewertet werden, sowie 21 Symptomausprägungen, die von der betreffenden Person selbst zu beantworten sind. Die Abfrage der Einträge erfolgt in den Stufen Ja/Nein oder keine/leicht/mäßig/schwer. Eine Abwandlung des MSQ ist der Simulator Sickness Questionnaire (SSQ) nach Kennedy et al. (1993, S. 203) mit der zusätzlichen Betrachtung von Symptomgruppen (Symptome2.1.3). Eine alternative Bewertung stellten Vogel et al. (1982, S. 401) in der Form eines Motion Sickness Index vor, der den Symptomen Gewichtungsfaktoren zuordnet. Bei dieser Methode wird Übelkeit kritischer als Schwindel bewertet.

Ein weiterer Aspekt zur Messung von Kinetose ist die Prä- und Posterhebung. Eine Folge der Präerhebung ist, dass sich die betroffene Person stärker über die Kinetoseerhebung bewusst wird. Es wurde gezeigt, dass die zweifache Befragung zu einer signifikanten Steigerung der Ausprägung in der Postbefragung führt (Young et al., 2007, S. 427). Demgegenüber ist bei einmaliger Befragung im Anschluss an eine Stimulation (Karl et al., 2013, S. 49) nicht auszuschließen, dass die Symptome schon vor der Stimulation vorhanden waren.

Es hat sich zu einem Standard etabliert, während der Stimulation regelmäßige Abfragen durchzuführen. In Tabelle 2.5 sind repräsentativ vier Methoden zur kontinuierlichen Erhebung zusammengefasst. Dieser Ansatz erlaubt es, verschiedene Symptome im Zeitverlauf zu betrachten und mögliche Abhängigkeiten von der Stimulation herzuleiten. Das allgemeine Wohlbefinden kann zum Beispiel mit nur einer Kenngröße (Item) erhoben werden. Alternativ können verschiedene Stufen des Unwohlseins verbal verankert abgefragt werden. Auch eine parallele Abfrage mehrerer Symptome ist möglich. Grundlegend empfehlen Gianaros et al. (2001, S. 2) aufgrund der Polysymptomatik von Kinetose die Anwendung mehrdimensionaler Befragungsinstrumente. Atsumi et al. (2002, S. 343) baten die Teilnehmenden Übelkeit, Schwindel und Kopfschmerzen jeweils nach individuellen fünfstufigen Skalen zu bewerten. Die Auswertung der Befragung erfolgte durch die Berechnung des Mittelwerts aus den drei Einzelgrößen. Demnach erhalten bei diesem Vorgehen alle drei Symptome das gleiche Gewicht zur Berechnung der finalen Kenngröße. Die Ansätze nach Isu et al. (2014, S. 92) und Keshavarz & Hecht (2011, S. 418) stellen endpunktbenannte Skalen dar, die den Teilnehmenden den Freiraum geben, die Intensität zwischen den Extrema subjektiv zu interpretieren. Dieses Vorgehen eignet sich für Versuche, die an einem der Extrema beginnen und sich im Laufe der Stimulation verändern. Demgegenüber geben die Misery-Skala (MISC) nach Bos et al. (2005, S. 1112) sowie die Car-Sickness-Rating-Skala (Golding & Kerguelen, 1992, S. 493) verbale Verankerungen für jede Stufe vor. Sie bieten den Vorteil, die Interpretation der Stufen zu erleichtern, wobei dies nur unter der Annahme zutrifft, dass die verbale Beschreibung der Stufen in jeder Wiederholung in Erinnerung behalten wird. Eine Kritik an eindimensionalen, verbal verankerten Skalen mit gestaffelten Symptomen wie der MISC-Skala ist die Abwertung der Kritikalität von zum Beispiel starkem Schwindel (Stufe 5) gegenüber leichter Übelkeit (Stufe 6) (Keshavarz & Hecht, 2011, S. 422). Die Erhebung dieser Skalen erfolgt meist verbal. Bei der Abfrage sollte auf Regelmäßigkeit geachtet werden. Hier kann zum Beispiel ein minütliches akustisches Signal unterstützen. Alternativ ist auch eine taktile Eingabe der Ausprägung auf einem elektronischen Anzeige- und Eingabegerät möglich.

Tabelle 2.5 Methoden zur kontinuierlichen Erhebung von Kinetose. (Quelle: Eigene Darstellung nach den angegebenen englischsprachigen Quellen (Eigene Übersetzung))

Quelle	Stufe	Symptom	Ausprägung	Intervall
Isu et al. (2014, S. 92)	0 : 10	– Normaler Zustand ohne Reiseübelkeit – Limit der Ausdauer durch starke Übelkeit: Endpunkt		1 Minute
FMS nach Keshavarz & Hecht (2011, S. 418)	0 : 20	– Keine Kinetose – Starke Kinetose (frank sickness)		1 Minute
MISC-Skala aus Kuiper et al. (2018, S. 171) nach Bos et al. (2005, S. 1112)	0 1	– Keine Probleme – Unbehagen (keine typischen Kinetosesymptome)		1 Minute
	2 3 4 5	– Schwindel, Wärme, Kopfschmerzen, Bauchgefühl, Schweiß	unspezifisch leicht ziemlich stark	
	6 7 8 9	– Übelkeit	leicht ziemlich stark (beinahe) würgen	
	10	– Erbrechen		
Car-Sickness-Rating-Skala aus Kato & Kitazaki (2006b, S. 467) nach Golding & Kerguelen (1992, S. 493)	0 1 2	– Keine Symptome – Beliebige Symtome – Symptome, aber keine Übelkeit	leichte Ausprägung schwach	1 Minute
	3 4	– Übelkeit	schwach schwach bis mäßig	
	5 6		mäßig, keine Unterbrechung notwendig mäßige Übelkeit und Wunsch der Unterbrechung	

Eine Möglichkeit, Kinetose objektiv zu messen, ist die Betrachtung von Kennwerten der Leistungsfähigkeit (Dahlman, 2009, S. 51). Bei diesem Ansatz muss die Person standardisierte Aufgaben durchführen. Anhand von Messwerten wie der Antwortgeschwindigkeit oder der Fehlerrate ist eine Einschätzung der Leistungsfähigkeit möglich. Sinkt die Leistungsfähigkeit während der Bewegungsstimulation ab, kann das als Indikator für Kinetose dienen. Eine weitere objektive Alternative ist die Messung von physiologischen Veränderungen. Zusammenhänge zwischen physiologischen Veränderungen und den Symptomen der Kinetose wurden bereits in ersten wissenschaftlichen Zusammenfassungen wie zum Beispiel bei Reason & Brand (1975, S. 54) identifiziert. Entsprechende Studien zeigen unterschiedliche Ergebnisse für die genannten Messgrößen und nur in Außnahmen empfehlen die Autoren diese Größen zur Beschreibung von Kinetose (Tabelle 2.6). Im speziellen Sjörs et al. (2014, S. 7) schlussfolgern von ihren Untersuchungen, dass eine subjektive Erhebung der voranschreitenden Kinetoseausprägung aktuell die zuverlässigste Methode ist. Die Messung einzelner Parameter scheint kein valider Prädiktor zu sein. Vielmehr könnten Muster aus mehreren Parametern es ermöglichen, Kinetose robust zu detektieren (Pham Xuan et al., 2020, S. 11; Shupak & Gordon, 2006, S. 1220). Zusammengefasst konnte im Rahmen der Literaturrecherche keine robuste Methode zur Detektion von Kinetose gefunden werden.

Tabelle 2.6 Eignung physiologischer Parameter zur Detektion von Kinetose. (Quelle: Eigene Darstellung. Anmerkung: Abkürzungen sind in den Originalquellen zu entnehmen)

System	Methode		Empfohlen	Quelle
Herz-Kreislauf System	Blutdruck	CNAP	Ja	Sugita et al. (2004)
	Puls	PPG	Nein	Sjörs et al. (2014)
	Herzrate	ECG	Nein	Mullen et al. (1998)
			Ja (eingeschränkt)	Holmes & Griffin (2001)
			Ja	Sugita et al. (2004)
			Nein (Robustheit)	Kim et al. (2005)
			Nein	Dennison et al. (2016)
	Herzratenvariabilität (HRV)	ECG	Nein	Holmes & Griffin (2001)

(Fortsetzung)

Tabelle 2.6   (Fortsetzung)

System	Methode		Empfohlen	Quelle
	Hochfrequente Herzratenvariabilität (HRV-HF)	ECG	Nein	Holmes & Griffin (2001)
			Nein	Lin et al. (2011)
	Niederfrequente Herzratenvariabilität (HRV-LF)	ECG	Nein	Holmes & Griffin (2001)
			Nein	Lin et al. (2011, S. 1923)
	Verhältnis HRV-LF zu HRV-HF	ECG	Nein	Holmes & Griffin (2001)
			Nein	Lin et al. (2011, S. 1923)
	Arterielle Sauerstoffsättigung	PPG	Nein (Robustheit)	Kim et al. (2005)
	Gesichtsblässe	Farbmessgerät	Ja	Holmes et al. (2002, S. 156)
Respiratorisches System	Respiratorische Sinusarrhythmie	ECG	Nein (Robustheit)	Kim et al. (2005)
	Atemfrequenz	Atemgurt	Nein (Robustheit)	Kim et al. (2005)
			Ja	Dennison et al. (2016)
Thermoregulatorisches System	Hautleitfähigkeit	GSR	Nein (Robustheit)	Kim et al. (2005)
			Nein	Dennison et al. (2016)
	Hauttemperatur	Sensor (Finger)	Nein (Robustheit)	Kim et al. (2005)
		Sensor (Handfläche)	Nein (nicht validiert)	Bertin et al. (2005)
Gastrointestinales Systems	Magen Motilität	EGG	Nein	Tokumaru et al. (2003)
			Nein (Robustheit)	Kim et al. (2005)
			Ja	Dennison et al. (2016)

Hinausgehend über die robuste Detektion von Kinetose kann die Beobachtung physiologischer Merkmalen es erlauben den Entstehungsprozess von Kinetose besser zu verstehen. Messgrößen, die das vestibuläre oder visuelle System beschreiben beziehungsweise hier Veränderungen objektivieren, bieten dieses Potenzial. Mehrfach wurde gezeigt, dass die Stabilität des Kopfes einen Einfluss auf Kinetose hat (Johnson & Mayne, 1953, S. 411; Mills & Griffin, 2000, S. 1002). Technisch umsetzbar ist die Messung der Kopfbewegungen durch Sensoren wie inertiale Messeinheiten, die Beschleunigungen und Winkelgeschwindigkeiten aufnehmen (Abschnitt 2.2.2). Diese Sensorik kann an Kopfbedeckungen wie Mützen oder Helmen befestigt werden (Lee et al., 2003, S. 3). Wada & Yoshida (2016, S. 8; 2012, S. 228) nutzten diese Methode bei Fahrten mit hoher Querdynamik in einem Slalomparcours. Für die Messung der Augenbewegungen eignen sich bildgebende Verfahren. In der Auswertung der Bewegungsmuster sind nach Bos et al. (2002, S. 436) Veränderungen der natürlichen Reflexe, wie dem vestibulookulären Reflex (VOR), von Bedeutung. Ausgehend vom VOR verglichen Omura et al. (2014, S. 1) simulierte und gemessene Augenbewegungen und konnten Abhängigkeiten von der subjektiven Komforteinschätzung finden. Auch die Betrachtung der Augenpupillengröße kann ein Indikator für den Anstieg einer Kinetose sein (Dahlman, 2009, S. 48).

Durchführungsbedingungen
Die Möglichkeiten zur Bewegungsstimulation sowie die Erhebungsmethoden zur Detektion von Kinetose bilden die Grundlagen der Untersuchung. Von gleichermaßen hoher Bedeutung sind die Versuchsorganisation und die Sicherheit aller Beteiligten. Hierzu gehören die Beschaffenheit der Teilnehmenden, die Variation einzelner Versuchsbedingungen, die Stichprobengröße sowie die ethische Vertretbarkeit. Die Personenauswahl und die gesundheitlichen Risiken bei der Untersuchung von Kinetose stellen für die Automobilforschung neuartige Herausforderungen dar.

In der Produktentwicklung, die die Motivation einer experimentellen Versuchsdurchführung sein kann, ist es wichtig, das relevante Nutzungskollektiv festzulegen (Winner et al., 2015, S. 185). Im Fall der Entwicklung von Interventionen, die Kinetose reduzieren sollen, sind dies Personen, die eine erhöhte Anfälligkeit aufweisen. Beispielsweise teilten Chen et al. (2016, S. 217) ihre Teilnehmenden mithilfe eines Fragebogens in eine empfindliche und eine unempfindliche Gruppe ein. Im Vergleich hierzu nutzten Kato & Kitazaki (2006b, S. 467) den MSQ zur Sicherstellung einer gleichmäßigen Anfälligkeitsverteilung zwischen mehreren Versuchsgruppen. Diesen Ansatz, unter Anwendung des

Motion Sickness Susceptibility Questionnaire Short (MSSQ-Short) nach Golding
(2006b), wählten auch Isu et al. (2014, S. 91). Da die erläuterten Methoden auf
subjektiver Selbsteinschätzung der Teilnehmenden beruhen, besteht ein Risiko
der absichtlichen oder unabsichtlichen Fehleinschätzung. Für eine repräsentative Untersuchung sollten daher auch indirekt kinetoserelevante Faktoren wie
Geschlecht und Alter entsprechend der Zielgruppe gewählt werden. Nach Wada
et al. (2012, S. 233) liegen vielen Untersuchungen jedoch junge und männlich
dominierte Stichproben zugrunde, wodurch keine realitätsnahe Abbildung der
Bevölkerung entsteht.

Die Betrachtung mehrerer Versuchsbedingungen innerhalb einer Untersu-
chung kann grundsätzlich durch wiederholtes Testen (Messwiederholungen/
Within-Subject-Design) oder durch die Aufteilung in mehrere Versuchsgruppen
(Between-Subject-Design) ermöglicht werden. Hierbei können Adaptionen an die
Versuchsumgebung oder Abweichungen zwischen den Gruppen auftreten. Zwi-
schen diesen Nachteilen ist in Abhängigkeit von der Forschungsfrage abzuwägen.
Vogel et al. (1982, S. 404) empfehlen für Kinetoseuntersuchungen das wieder-
holte Testen, da die individuellen Empfindlichkeiten einen zu großen Einfluss
auf die Entstehung der Symptome haben. Der auftretende Übertragungseffekt
bei Wiederholungen, die zeitlich nah beieinander liegen (zum Beispiel 60 min
Unterbrechung (Kuiper et al., 2018, S. 171)), steigert meist die Ausprägung der
Symptome in der darauffolgenden Durchführung. Aus diesem Grund wählten
Wada et al. (2012, S. 227) und Ekchian et al. (2016, S. 4) eine Unterbrechung
zwischen den Durchführungen von mindestens drei Tagen. Alle in Tabelle 2.7
aufgeführten Studien variierten die Bedingungsabfolge, wodurch sich Folgeef-
fekte statistisch aufheben. Eine Schwierigkeit bei Versuchen mit Freiwilligen
ist ihre Verfügbarkeit und Bereitwilligkeit, an Folgeterminen teilzunehmen. Eine
Ursache kann das Erlebnis extremer Übelkeit in der ersten Versuchsteilnahme
sein. Entsprechend besteht ein Risiko, dass die geplante Anzahl an Beobachtungen unter wiederholt getesteten Bedingungen nicht erreicht wird. Isu et al.
(2014, S. 95) entwickelten ein statistisches Rechenmodell, um unvollständige
Beobachtungen zu vervollständigen. Wie in Tabelle 2.7 aufgelistet, nahmen an
Untersuchungen mit Messwiederholungen 10 bis 31 Personen teil. Hingegen
wurden in den Studien mit Gruppenvergleichen 56 bis 280 Personen getestet.

Tabelle 2.7 Stichproben und Altersverteilungen bei Untersuchungen von Kinetose im Pkw. (Quelle: Eigene Darstellung)

Versuchsdesign	Stichprobengröße (Geschlechterverteilung)	Alter [Jahre]	Quelle
Messwieder-holungen (Within-Subject)	30 Teilnehmende (8 Frauen und 30 Männer)	18–54	Vogel et al. (1982)
	18 Teilnehmende (13 Frauen und 8 Männer)	14–40	Probst et al. (1982)
	31 Teilnehmende (10 Frauen und 21 Männer)	Ø 20	Isu et al. (2014)
	10 Teilnehmende (10 Männer)	Ø 23	Wada & Yoshida (2016)
	14 Teilnehmende (nicht angegeben)	21–60	Ekchian et al. (2016)
	18 Teilnehmende (10 Frauen und 8 Männer)	19–33	Kuiper et al. (2018)
Gruppenvergleich (Between-Subject)	14 x 20 Teilnehmende (280 Männer)	18–26	Griffin & Newman (2004b)
	5 x 20 Teilnehmende (100 Männer)	18–26	Kato & Kitazaki (2006b)
	4 x 14 Teilnehm. (15 Frauen und 41 Männer)	Ø 20	Morimoto, Isu, Okumura, et al. (2008a)

Ein wichtiger Punkt bei der vorsätzlichen Kinetoseprovokation ist die Verhältnismäßigkeit zwischen den Belastungen für die Teilnehmenden und dem wissenschaftlichen Mehrwert der Erkenntnisse. Häufig leiden Personen noch Stunden nach der Stimulation an den Symptomen, die auch erst 20 bis 30 Minuten nach deren Ende auftreten können (Vogel et al., 1982, S. 401). Es wird empfohlen, die Versuche unter ärztlicher Aufsicht durchzuführen (Probst et al., 1982, S. 411). Zumindest sollte eine Person mit Ausbildung zur Ersthilfe für die Versorgung im Notfall bereitstehen. Da die individuelle Empfindlichkeit abhängig von der jeweiligen Bewegungsstimulation und der individuellen Verfassung ist, sollten die Teilnehmenden jederzeit die Möglichkeit haben, den Versuch abzubrechen. Eine Maßnahme, die Belastung zu reduzieren, ist die Festlegung von Abbruchkriterien. Zum Beispiel kann nach Wada et al. (2012, S. 229) unter Verwendung einer Skala von 1 (Keine Symptome) bis 6 (Erbrechen) der Abbruch des Versuches beim Erreichen der Stufe 2 (beginnende Symptome, aber keine Übelkeit) erfolgen. Die Angabe falscher Versuchsziele (Coverstory), um eine Beeinflussung durch die Erwähnung von Kinetose zu vermeiden, birgt ein großes Risiko, da die Teilnehmenden sich nicht selbst schützen können. Aufgrund der Komplexität von Kinetoseuntersuchungen ist für Studien dieser Art eine Selbstüberprüfung hinsichtlich ethischer Standards und der Verhältnismäßigkeit zwingend erforderlich (Griffin & Newman, 2004b, S. 741; Kuiper et al., 2018, S. 171; Turner & Griffin, 1999, S. 522). Ein Gremium sollte die Konformität bestätigen (Isu et al., 2014, S. 91).

Da das Forschungsziel darin besteht, Interventionsmaßnahmen gegen Kinetose zu identifizieren, ist der Bezug der Bewegungsmanipulation zur realen Problemsituation essenziell für die Bewertung der Ergebnisse. Von den in Tabelle 2.4 zusammengestellten Methoden zur Manipulation von Fahrzeugbewegungen in Versuchen bieten sich daher das abgesperrte Prüfgelände oder Fahrten im öffentlichen Straßenraum in kontrollierten Umgebungen als die besten Kompromisse aus dynamischer Reproduzierbarkeit und hohem Anwendungsbezug an. Die abschließende Entscheidung ist abhängig von den versuchsökonomischen Randbedingungen.

Die Motivation dieser Forschungsaktivität ist die Reduzierung von Kinetose im Pkw. Um eine Veränderung zu beobachten, ist es erforderlich die Ausprägung von akuter Kinetose zu quantifizieren. Für die im Abschnitt Detektion vorgestellten Methoden ergab die Literaturrecherche, dass sowohl physiologische Reaktionen der Betroffenen sowie Veränderungen in ihrer Leistungsfähigkeit vielversprechend erscheinen, entsprechende Indikatoren und Messverfahren sind aktuell jedoch noch Gegenstand der Forschung. Aufgrund fehlender Validität sind diese Ansätze daher für die Bewertung der Problemsituation oder ihre Veränderung durch Interventionsmaßnahmen bisher nicht geeignet. Hingegen ist die Selbsteinschätzung durch Betroffene ein etabliertes und einfaches Instrument. Für diese Methoden ergeben sich auch Schwächen wie die individuelle Interpretation der Begriffe und Intensitätsstufen. Die Interpretation ist jedoch unausweichlich, da noch kein belastbares alternatives Beurteilungsverfahren zur Verfügung steht. Die Recherche ergab eine größere Anzahl an Befragungsskalen, ohne dass eine empirisch belegte Übersicht der Vor- und Nachteile beziehungsweise spezifischer Anwendungsbezüge verfügbar ist. Schlussfolgernd kann für die Quantifizierung der Kinetoseausprägung eine auf Selbsteinschätzung basierte Befragung mit wiederkehrenden Messzeitpunkten ein wahrheitsgemäßes Bild der Ausprägung bieten. Hierbei ist die Symptomvielfalt anhand von mehrdimensionalen Skalen zu berücksichtigen.

Bei der Planung der Versuchsdurchführung sind Erkenntnisse aus vorangehenden Untersuchungen von großer Bedeutung. Die Hintergründe für die festgelegten Elemente und Entscheidungen wurden in den verfügbaren Arbeiten jedoch nur teilweise benannt. Unklar sind beispielsweise die Tendenzen zu Stichproben aus überwiegend jungen Männern und ob die Auswahl aufgrund der Relevanz dieser Bevölkerungsgruppe getroffen wurde oder lediglich der Verfügbarkeit an Freiwilligen geschuldet war. Die Wahl der Stichprobencharakteristik sollte daher durch Voruntersuchungen wie Literaturanalysen oder Befragungen unterlegt werden. Ausgehend von Erfahrungswerten sind Stichproben von 20 bis 30 Personen je Bedingung zu empfehlen. Hinsichtlich der Untersuchung verschiedener Bedingungen ist sowohl wiederholtes Testen als auch ein Gruppenvergleich begründbar. Für die Analyse der Kinetoseempfindlichkeit empfiehlt sich aufgrund der Verzerrung durch Selbsteinschätzung ein wiederholtes Testen der Teilnehmenden mit einer Unterbrechung von mindestens einer Nacht. Für die Durchführung von Messwiederholungen wird die Planung einer Randomisierung der Bedingungen empfohlen, wobei im Besonderen durch die Provokation von Kinetose mit einer erhöhten Abbruchquote in der Versuchsreihe zu rechnen ist. Ursächlich ist hierfür unter anderem der ethisch begründete Ansatz, sowohl die Möglichkeit zum freiwilligen Abbruch durch den Teilnehmenden deutlich zu kommunizieren als auch Abbruchkriterien für die Versuchsleitung zu definieren. In diesem Zusammenhang konnten bei der Literaturrecherche keine Ergebnisse gefunden werden, die eine Verschleierung des Versuchsablaufs – der Provokation und Untersuchung von Kinetose – rechtfertigen.

2.3.3 Einflussfaktoren von Kinetose im Fahrzeug

Untersuchungen von Kinetose im Pkw konnten klare Einflussfaktoren und erste Indikatoren zur Reduzierung und Verstärkung von Kinetosesymptomen aufzeigen. Diese Erkenntnisse betreffen das Verhalten oder Eigenschaften der Mitreisenden und den technischen Aufbau wie die Bewegungskontrolle des Fahrzeugs. Eine Übersicht über die Faktoren erlaubt es, eine Versuchsumgebung zu definieren und Interventionen herzuleiten. Allgemeine Faktoren die Umgebung oder das Verhalten einer Person beschreibend sind in Tabelle 2.8 aufgeführt.

Tabelle 2.8 Allgemeine Einflussfaktoren für Kinetose. (Quelle: Eigene Darstellung)

Veränderung	Beschreibung	Quelle
Kinetose reduzierend	aktive Kontrolle der Bewegung durch Steuerung	Rolnick & Lubow (1991, S. 875)
	kognitives Auseinandersetzen mit dem zukünftigen Bewegungsverlauf	Perrin et al. (2013, S. 475)
	kontrolliertes Atmen	Sang et al. (2003, S. 110)
	angenehme Musik	Sang et al. (2003, S. 110)
	Medikamente (Wirkstoffe wie Scopalmine)	Golding & Gresty (2013, S. 298; 2007, S. 3)
Kinetose verstärkend	erhöhte Temperaturen	Perrin et al. (2013, S. 475)
	unangenehme Gerüche	Perrin et al. (2013, S. 475)

Die gezeigten Erkentnisse sind teilweise nur auf einzelne Untersuchungen zurückzuführen und stellen erste Indikatoren dar. Diese Übersicht zeigt die Bandbreite an relevanten Faktoren neben den im Folgenden betrachteten kinetischen und visuellen Einflussfaktoren. Eine weitere und besonders angenehme Möglichkeiten, das Auftreten einer Kinetose zu vermeiden, ist das Schlafen (Reason & Brand, 1975, S. 138). Müdigkeit und Schlaf können nicht klar als Einflussfaktoren gesehen werden, da diese auch infolge von Kinetose auftreten. Daher kann diese Reaktion als natürlicher Mechanismus zur Kinetosereduzierung gesehen werden. Auch die Ernährung, jeweils abhängig vom individuellen Ernährungsverhalten, kann Kinetose verstärken oder mildern (Dobie, 2019, S. 168). Andere Personen beim Erbrechen zu beobachten kann die eigene Kinetoseausprägung erhöhen (Reason & Brand, 1975, S. 13).

Eine Limitation dieser Faktoren ist die Abhängigkeit von der Lebensweise, Persönlichkeit und situativen Zwängen. Entsprechende Maßnahmen können zu Veränderungen führen, die über die kurzfristige Beeinflussung von Kinetose hinausgehen. Beispielsweise ist die Entscheidung über die Rolle der Fahrzeugführung auch von den Fahrfähigkeiten abhängig, die Akzeptanz von spezieller Musik hängt von den eigenen Vorlieben ab und das Öffnen des Fensters bei Regen gilt als unpraktisch. Die Maßnahmen eignen sich eher als allgemeine Ratschläge. Hingegen sind sie zur technischen Integration in ein Automobil ungeeignet.

Im Folgenden werden daher vorrangig technische Einflussfaktoren betrachtet. Hierzu bietet die Unterteilung der Mechanismen nach Griffin & Newman (2004b, S. 746) eine Orientierung.

„Es kann helfen, Kinetose im Pkw als einen dreistufigen Prozess zu verstehen: 1) Bewegungen des menschlichen Körpers verursachen die Übelkeit (als Resultat vestibulärer oder anderer Anregungen); 2) die Wirkung durch die Bewegung des Körpers kann durch passende visuelle Informationen reduziert werden (...); und 3) Relativbewegungen zwischen den Augen und dem Sichtfeld erzeugen zusätzlich Kinetose und verstärken die Übelkeit im Gegensatz zur Situation mit geschlossenen Augen."

Eigene Übersetzung nach Griffin & Newman (2004b, S. 746)

Kinetische Interventionen

Die Bewegungen des Fahrzeugs bilden den Ursprung von Kinetose und müssen daher auf ihre Auswirkungen auf die Körper- und Kopfbewegung bei Mitfahrenden analysiert werden (Kato & Kitazaki, 2006b, S. 465). Grundsätzlich ist eine konstante und gleichförmige Fahrt, häufig als ruhiges Fahrverhalten beschrieben, zu favorisieren. Sowohl kurze ruckartige Bewegungen als auch kontinuierliche Beschleunigungsänderungen führen dagegen zu einem Anstieg von Kinetose (Certosini et al., 2020, S. 5). Bei Laboruntersuchungen zu horizontalen Bewegungen (Längs- und Querbeschleunigungen) wurde festgestellt, dass besonders Anregungen mit niedrigen Frequenzen im Bereich um $f = 0,2$ Hz zu einem Anstieg von Kinetose führen (Donohew & Griffin, 2004, S. 656; Golding et al., 2001, S. 191; Joseph & Griffin, 2008, S. 395). Fahrversuche von Probst et al. (1982, S. 412) und Vogel et al. (1982, S. 401) bestätigten, dass auch ausschließliche Anregung entlang der Fahrzeuglängsachse (x-Achse) mit wechselnden Beschleunigungen wie in einer Stop-and-Go-Fahrt zu einem Anstieg von Kinetose führt. Impulse in der Fahrzeuglängsachse sind hauptsächlich auf die manuelle Steuerung oder die adaptive Geschwindigkeitsregelanlage zurückzuführen. Der Einfluss dieser Steuerung basiert primär auf der Verkehrsumgebung und weniger auf den Eigenschaften des Fahrzeugs (Griffin & Newman, 2004a, S. 1237).

Der technische Aufbau eines Fahrwerks im Pkw beinhaltet mindestens passive Feder-Dämpfer-Elemente, die die Karosserie (einschließlich der Nutzenden) von den Anregungen der Fahrbahn trennen. Dieses Konstruktionsprinzip ermöglicht es, durch eine Variation der Komponenten das Schwingungsverhalten zu beeinflussen. Weiterentwicklungen, die teilweise bereits in Serienfahrzeugen verfügbar sind, ermöglichen eine aktive Veränderung des Dämpfungsverhaltens (Barton-Zeipert, 2014, S. 9). Mithilfe der aktiven Manipulation des Fahrzeugaufbaus ist es möglich, vertikale Beschleunigungen mit Frequenzen unter $f = 1$ Hz zu reduzieren (Gysen et al., 2010, S. 1157). Ein positiver Einfluss auf den Fahrkomfort konnte bereits belegt werden. Hingegen ist die Relevanz vertikaler Anregungen im Pkw hinsichtlich Kinetose empirisch nicht ausreichend belegt. Atsumi et al. (2002, S. 346) zeigten in Fahrversuchen, dass Fahrwerkssysteme die Vibrationen im Fahrzeuginnenraum signifikant reduzieren und hiermit das Auftreten von Kinetose verringern können. Ähnlich positive Veränderungen konnten auch bei einer künstlichen Nachstellung der Vertikaldynamik in einem stehenden Fahrzeug beobachtet werden (Ekchian et al., 2016, S. 7). Dagegen zeigten Ergebnisse aus realen Fahrversuchen (Kato & Kitazaki, 2006a, S. 6) keine signifikanten Korrelationen zwischen der Kinetoseausprägung und den vertikalen Anregungen.

Neben der Stimulation durch die Verkehrsumgebung kann als Intervention eine aktive Entkopplung der Nutzenden erfolgen. Wada & Yoshida (2016, S. 19) und Konno et al. (2010, S. 4) konnten zeigen, dass eine aktive Ausrichtung des Oberkörpers und Kopfes bei Kurvenfahrten zu einer Reduzierung von Kinetose führt. Eine dynamische Veränderung der Sitzflächenkontur diente als Unterstützung, um den Körper optimal auszurichten (Konno et al., 2011, S. 194). Diese aktive Bewegung widerspricht der natürlichen, den Zentrifugalkräften folgenden Ausrichtung (Gravito-Inertial-Force – GIF) einer passiven Person im Fahrzeug. Vielmehr gleicht diese Bewegung dem Verhaltensmuster während der aktiven Fahrzeugführung bei Kurvendurchfahrt. Diesen Zusammenhang untersuchten Golding et al. (2003, S. 225) für die Fahrzeuglängsrichtung. Es wurden Anregungen in Laboruntersuchungen ohne visuelle Bewegungsinformationen erzeugt. Eine selbstinitiierte Ausrichtung des Kopfes, bei gleichbleibender Körperhaltung, entlang der Richtung der wirkenden Beschleunigung (GIF) reduzierte die Kinetoseausprägung (Abbildung 2.12, links). Im Gegensatz dazu führt eine externe Rotation der gesamten Person, die der Richtung der wirkenden Beschleunigung (GIF) entsprach (Abbildung 2.12, rechts), zu einer Verstärkung der Kinetose. Die Diskrepanz in den Reaktionen auf Längs- und Querbeschleunigungen bei einer Fahrt im Pkw kann im Zusammenhang zur visuellen Information stehen.

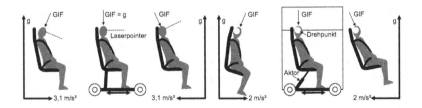

Abbildung 2.12 Aktive und passive Ausrichtung von Fahrzeuginsassen. (Quelle: nach Golding et al. (2003, S. 224))

In einem ähnlichen Aufbau zeigten Kurasako et al. (2013, S. 1534), dass die passive Ausrichtung einer Person entsprechend der GIF zu einer Reduzierung der horizontalen Kopfbeschleunigung und des Kopfnickwinkels führt. Die Autoren erwarten, dass diese Veränderung den Insassenkomfort steigert. Systeme wie dieses, zur aktiven oder passiven Entkopplung von Personen in einem Fahrzeug, werden vorrangig bei Nutzfahrzeugen eingesetzt (Blüthner et al., 2006, S. 628; Frechin et al., 2004, S. 926). Die beschriebenen aktiven Systeme sind aufgrund der großen Anzahl an Komponenten und des hohen Entwicklungsaufwandes sehr kostenintensiv und werden daher nur in geringer Anzahl in Fahrzeugen verbaut.

Eine mögliche Alternative ist es, nur die Information zur Anpassung des Körpers an den Nutzenden zu vermitteln. Technische Lösungen sind nach Yusof (2019, S. 92) Vibrationsmotoren. In einer prototypischen Umsetzung am Handgelenk signalisiert das System die nächste Richtungsänderung als Rechts- oder Linkskurve, wodurch jedoch die Kinetoseausprägung nicht reduziert werden konnte. Die fehlende Wirksamkeit des Systems kann, laut dem Autor, an einer zu großen zeitlichen Differenz zwischen Informationsanzeige und darauffolgender Kurvendurchfahrt liegen.

Ein weiterer Ansatz ist die Verwendung einer Technologie zur Erzeugung kleiner hochfrequenter Schwingungen am Kopf der betroffenen Person (Salter et al., 2019, S. 3). Von einem Stirnband ausgehend werden Schwingungen über den Knochen auf das Vestibularorgan übertragen. Nach Aussage der Autoren ist die neurologische Funktionsweise nicht eindeutig geklärt. Eventuell erfolgt eine Überstimulation, wodurch die Wahrnehmung der vestibulären Signale verändert wird. Bei Fahrversuchen konnte eine Reduzierung von Kinetose nachgewiesen werden.

Die Zusammenfassung der gezeigten kinetischen Interventionen (Tabelle 2.9) bildet die Grundlage zur Identifikation von Interventionsmaßnahmen.

Visuelle Interventionen
Ausgehend von den zu Beginn dieses Abschnitts zitierten Prozessphasen nach Griffin & Newman (2004b, S. 746) konzentriert sich der folgende Abschnitt auf Interventionen, die das visuelle System betreffen. Grundlegend ermöglicht die uneingeschränkte Sicht auf die Umgebung und in die Bewegungsrichtung des Fahrzeugs die beste Möglichkeit, den Konflikt zwischen vestibulärem und visuellem System zu vermeiden (Reason & Brand, 1975, S. 239). Beim Blick aus dem Fahrzeug stellt der zukünftige Bewegungsverlauf eine bedeutende Information dar. Hierzu zählen Kreisverkehre, Kurven, Ampeln oder Fahrzeuge, auf die sich die Mitfahrenden zubewegen. Bestehende Bewegungserfahrungen aus vergleichbaren Situationen senken die Kinetosewahrscheinlichkeit (Diels, 2009, S. 8). Falls

Tabelle 2.9 Erkenntnisse zu kinetischen Kinetose-Interventionen. (Quelle: Eigene Darstellung)

Richtung	Methode	Erkenntnis	Quelle
Vertikaldynamik	Laborversuch	Niederfrequente Anregungen ($f < 0{,}2$ Hz) steigern Ausprägung	Joseph & Griffin (2008, S. 395); Donohew & Griffin (2004, S. 656); Golding et al. (2001, S. 197)
	Laborversuch im Pkw (stehend)	Aktive Fahrwerkskomponenten verringern Ausprägung	Ekchian et al. (2016, S. 7)
	Realversuch im Pkw (öffentlicher Straßenverkehr)	Kein Einfluss der vertikalen Fahrzeugbewegung (MSDV) auf die Ausprägung	Kato & Kitazaki (2006a, S. 6)
Querdynamik	Realversuch im PKW (Slalom)	Aktive Kopfausrichtung führt zur Reduzierung der Ausprägung, aktive Fahrzeugkomponenten helfen, die Körperausrichtung zu manipulieren	Wada & Yoshida (2016, S. 19); Konno et al. (2010, S. 4); Konno et al. (2011)
Längsdynamik	Realversuch im Pkw	Reine Längsdynamik als kinetose-kritisch bewertet	Probst et al. (1982, S. 412); Vogel et al. (1982, S. 401)
	Laborversuch	Aktive Kopfausrichtung reduziert Ausprägung, Passive Körperausrichtung verstärkt Ausprägung	Golding et al. (2003, S. 225)
	Laborversuch	Passive positive Rotation von Personen führt zu einer Reduzierung der Längsbeschleunigung, Komfortsteigerung erwartet	Kurasako et al. (2013, S. 1534)
Drehbewegung	Real- und Laborversuch zu Vertikal- und Nickdynamik	Anregungen $f < 0{,}5$ Hz steigern Ausprägung	Atsumi et al. (2002, S. 346)

keine Möglichkeit besteht, das Umfeld des Fahrzeugs zu sehen, reduziert das Schließen der Augen die Symptomausprägung (Mills & Griffin, 2000, S. 1000; Probst et al., 1982, S. 414). Für die Verarbeitung der Bewegungsinformation ist sowohl das foveale als auch das periphere Sichtfeld entscheidend. Griffin & Newman (2004b, S. 743) untersuchten Situationen, in denen Ausschnitte des Sichtfelds verdeckt oder eine digitale Videoanzeige der Umgebung erzeugt wurden. Es stellte sich heraus, dass fehlende Sicht entlang der Fahrtrichtung eine starke Erhöhung der Symptome erzeugt. Die künstliche Anzeige der Streckenumgebung entlang der Fahrtrichtung auf einem Videomonitor genügt jedoch nicht zur Vermeidung von Symptomen. Ursachen können Einschränkungen wie die Latenz der Darstellung oder die fehlende Bildtiefe sein.

Fahrzeuginsassinnen und -insassen haben den Wunsch, sich während der Fahrt mit elektronischen Medien zu beschäftigen (siehe Tabelle 2.2). Der dazu notwendige Blick auf ein Display kann jederzeit abgebrochen werden, um Informationen aus der Fahrzeugumgebung zu verarbeiten. Diese Möglichkeit bietet jedoch keine zufriedenstellende Lösung des Problems, da die Informationsaufnahme vom Display offensichtlich unterbrochen werden muss. Wie Morimoto, Isu, Ioku, et al. (2008, S. 2) und Isu et al. (2014, S. 95) beobachten, beeinflusst der gezeigte Inhalt die Symptomausprägung. Es zeigte sich, dass das Lesen eines Textes zu einer höheren Kinetoseausprägung führt als das Betrachten eines Videos. Eine Ursache hierfür könnte der gesteigerte Konflikt aufgrund des statischen Textes gegenüber den Bewegungen des Fahrzeugs sein. Hinsichtlich der Anzeigeinhalte könnten neben den gezeigten Bewegungen auch die zur visuellen Erfassung notwendigen Augenbewegungen ursächlich sein, da beim Lesen ein spezifisches Augenfixationsmuster auftritt. Zur Verarbeitung des Textes ist die Betrachtung spezifischer Stellen im Display entscheidend. In einem Video findet ein kontinuierlicher Wechsel der Inhalte statt, wodurch die Fixation von Objekten dynamischer ist. Dieser Unterschied, in Verbindung mit reflexartigen Augenbewegungen durch die Insassenbewegung, bildet mögliche Ursachen für den Anstieg der Kinetose beim Lesen (Bos et al., 2002, S. 442).

Ausgehend von der hohen Bedeutung der zukünftigen Bewegungstrajektorie zeigen Untersuchungen in einem Fahrsimulator, dass die Kinetoseausprägung durch die Anzeige von Orientierungspunkten des zukünftigen Streckenverlaufs reduziert werden kann (Feenstra et al., 2011, S. 198). Die Übertragung dieses Ansatzes auf Anzeigen während der Fahrt im Pkw ist jedoch eine Herausforderung. Eine Möglichkeit ist die Nutzung von Leuchtelementen im physischen Rahmen des Anzeigemediums. Karjanto et al. (2018, S. 678) und Yusof (2019, S. 125) nutzten diese Lösung, um über einen Abbiegevorgang zu informieren. Vor einer Kurve zeigten Leuchtelemente auf der rechten oder linken Seite des

Rahmens die Richtungsänderung an. Nur in den Untersuchungen durch Karjanto et al. (2018, S. 690) konnte eine Reduzierung der Symptome festgestellt werden. Untersuchungen von Diels et al. (2016a, S. 126) sowie Kuiper et al. (2018, S. 173) ergeben, dass die Positionierung des Displays auf Augenhöhe eine geringere Kinetoseausprägung als eine tiefere Position erzeugt. Als weitere Designempfehlung leiten Diels & Bos (2015, S. 18) ab, die Anzeigegröße so klein wie möglich zu gestalten. Größere Anzeigeflächen haben den Nachteil, die peripher sichtbare Umgebung zu überdecken und stärker wirkende Bewegungsinformationen im Anzeigefeld zu erzeugen. Beispielsweise kann die Videodarstellung einer Schifffahrt auf einem Display im Auto den sensorischen Konflikt verstärken. Anwendungen, in denen die Größe des Displays und die dargestellte Dynamik besonders starken Einfluss haben, sind kopfgetragene Anzeigen virtueller Realitäten (VR-HMD) (Diels & Bos, 2015, S. 17). Werden diese Geräte während der Autofahrt getragen, sieht die Person ausschließlich die virtuelle Realität, wodurch ein besonders hohes Kinetoserisiko entsteht.

Kato & Kitazaki (2006b, S. 468) untersuchten dynamische Anpassungen der Anzeigeinhalte (Abbildung 2.13). Diese Anzeigen könnten Konflikte bei der visuellen Fixation reduzieren. Aktuelle Bewegungen des Fahrzeugs können über Sensoren erfasst werden und ermöglichen eine Transformation der Bildinhalte (Barrois & Krüger, 2008, S. 1). Diese Ansätze basieren auf der Beobachtung, dass sich das visuelle Umfeld eines Fahrzeugs durch eine Rechtskurve aus der Sicht der Nutzenden nach links verschiebt. Untersuchungen (Morimoto, Isu, Okumura, et al., 2008b, S. 2) zeigen, dass sowohl die Rotation des Bildes als auch die laterale Verschiebung von Bildelementen im Hintergrund zu einer Reduzierung von Kinetose führt.

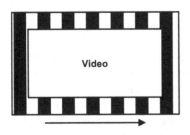 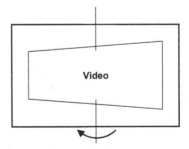

Abbildung 2.13 Bildtranslation auf Basis der Gierwinkelgeschwindigkeit. (Quelle: nach Morimoto, Isu, Okumura, et al. (2008b, S. 1))

Neben der Kompensation von Bewegungen, die von der Winkelgeschwindigkeit in Kurvenfahrten abhängig sind, zeigt auch eine nickwinkelabhängige Kompensation des Displayinhalts für Beschleunigungs- und Bremsvorgänge eine positive Wirkung auf die Kinetoseausprägung (Kato & Kitazaki, 2006b, S. 468). Weitere Alternativen sind die mehrachsige Bewegung eines Bildausschnitts (Li et al., 2009, S. 8), die Anzeige von sich bewegenden Hintergründen (Meschtscherjakov et al., 2019, S. 665) oder dynamischen Elementen in Abhängigkeit von der wirkenden Beschleunigung (Hanau & Popescu, 2017, S. 73).

Die beschriebenen Erkenntnisse zu visuellen Einflussfaktoren von Kinetose im Pkw sind in Tabelle 2.10 zusammengefasst und bilden in Ergänzung zu den kinetischen Faktoren die Basis zur Identifikation der Interventionsmaßnahmen.

Tabelle 2.10 Erkenntnisse zu visuellen Kinetose-Interventionen. (Quelle: Eigene Darstellung)

Methode	Information	Erkenntnis	Quelle
Realversuch im Pkw	Bewegungs-kongruenz	Bewegungsabhängige Transformation von Bildschirminhalten reduziert Ausprägung	Morimoto, Isu, Okumura, et al. (2008b, S. 2); Kato & Kitazaki (2006b, S. 468)
		Bewegungsabhängige Überlagerung von Bildschirminhalten reduziert Ausprägung	Meschtscherjakov et al. (2019, S. 665)
	Bewegungs-kongruenz und Antizipation	Geschlossene Augen erzeugen geringere Ausprägung als stationäre Sicht im sich bewegenden Fahrzeug	Mills & Griffin (2000); Probst et al. (1982, S. 414)
		Höhere Anordnung eines Infotainment-displays reduziert Ausprägung	Diels et al. (2016a, S. 126); Kuiper et al. (2018, S. 173)
		Lesen führt zu höherer Ausprägung als Video schauen; Lesen und Video führen zu höheren Ausprägungen als freie Sicht auf die Umgebung	Morimoto, Isu, Ioku, et al. (2008, S. 2); Isu et al. (2014, S. 95)

(Fortsetzung)

Tabelle 2.10 (Fortsetzung)

Methode	Information	Erkenntnis	Quelle
	Antizipation	Sicht entlang der Fahrtrichtung reduziert Ausprägung, keine Verbesserung durch Videoanzeige der Umgebung	Griffin & Newman (2004b, S. 743)
		Indirekte Anzeige des zukünftigen Bewegungsverlaufs führt teilweise zu einer Reduzierung der Ausprägung	Karjanto et al. (2018, S. 690); Yusof (2019, S. 125)
		Inhaltliche Auseinandersetzung mit dem Straßenverlauf wie bei professionellen Rallye Co-Piloten reduziert Ausprägung	Perrin et al. (2013, S. 475)
Simulatorversuch	Antizipation	Augmentierte Anzeige des zukünftigen Bewegungsverlaufs reduziert Ausprägung	Feenstra et al. (2011, S. 198)

Für das in der Einleitung benannte Forschungsziel bilden die Einflussfaktoren und Erkenntnisse dieses Abschnitts die elementare Wissensbasis zur Identifikation von Interventionsmaßnahmen. Die Unterteilung der kinetischen Einflüsse in die drei Bewegungsrichtungen (längs, vertikal und quer) erlaubt es, die Kritikalität von Fahrmanövern zu beurteilen. Es zeigt sich, dass Anregungen in Längs- und Querrichtung des Pkws kritischer als vertikale Provokationen sind. Besonders aktive Feder-Dämpfer-Elemente des Fahrwerks konnten in mehreren Richtungen eine Verbesserung erzielen. Die Übertragung dieser Entkopplungsmechanismen auf den Einzelsitz im Fahrzeug hat Potenzial für eine Verbesserung des Komforts, ohne die Fahreigenschaften zu beeinflussen. Kritisch zu überprüfen ist hierbei die Verfügbarkeit des benötigten Bauraums. Da die querdynamische Fahrzeugbewegung zu einem großen Teil durch die Straßengeometrie bestimmt wird, sind die regelungstechnischen Möglichkeiten limitiert. Vielfältige Lösungsmöglichkeiten sind demgegenüber für die längsdynamische Bewegung des Pkws zu identifizieren, da sowohl die Regelung beim Anfahren und Bremsen, Nickbewegungen des Gesamtfahrzeugs als auch Beschleunigungen und Rotationsbewegungen der Personen beeinflussbar sind. Die analysierten Studien zeigen Unterschiede zwischen aktiven und passiven Bewegungen, wobei der Einfluss des natürlichen visuellen Umfeldes unberücksichtigt blieb. Hinsichtlich der großen Bedeutung visueller Interventionen sind besonders Anzeigen mit bewegungskongruenten Inhalten hervorzuheben. Ansätze zu abstrakten Inhalten wie vertikalen Streifen die simultan zur Fahrzeugbewegung verändert werden gehören hierzu. Ausgehend von Observationsstudien ist der Einfluss antizipativer Elemente, die den zukünftigen Bewegungsverlauf beschreiben ebenfalls relevant. Die Nachbildung von natürlichen Reizen war bisher nur bedingt erfolgreich und könnte daher ein Untersuchungsgegenstand sein.

2.3.4 Zusammenfassung des Kapitels

Die Komfortempfindung von Fahrzeuginsassen unterliegt einer Vielzahl psychologischer und mechanischer Faktoren, die auch aktiv durch die Person beeinflussbar sind. Aus dem Bereich des fahrdynamischen Komforts stellen die Auswirkungen von mechanischen Anregungen (Schwingungen) einen bedeutenden Faktor der Kinetose dar. Für einen Vergleich von Schwingungen und ihrer Wirkung auf den menschlichen Körper bietet der Kennwert der Motion Sickness Dose Value eine standardisierte Grundlage. Demnach stellen Schwingungen im niedrigen Frequenzbereich ($f < 0,5$ Hz) eine höhere Belastung hinsichtlich einer Kinetose dar.

Die Entwicklung von Produkten zur Kinetosereduzierung erfordert es, die Produktfunktionen in realitätsnahen Umgebungen zu testen. Für solche Untersuchungen stellen die Bewegungsmanipulation, die Kinetosedetektion sowie die Durchführungsmöglichkeiten komplexe Herausforderungen dar. Bei der Bewegungsmanipulation muss beachtet werden, dass die Dynamik eines Pkws die initiale Ursache für das Auftreten von Kinetose bildet. Für den Vergleich von unterschiedlichen Insassenbeschäftigungen oder technischen Maßnahmen zur Symptomreduzierung ist daher die Ähnlichkeit der Bewegungen ein kritischer Faktor. Bei empirischen Untersuchungen kann es notwendig sein, den Eintrittszeitpunkt sowie die Intensität der Kinetose zu quantifizieren. Hierfür stellt die subjektive Befragung während oder nach einer Bewegungsexposition eine etablierte Methode dar. Es existieren noch andere Ansätze, wobei widersprüchliche Untersuchungsergebnisse verdeutlichen, dass weitere Grundlagenforschung im Feld der Kinetosedetektion benötigt wird. Einige Methoden, die menschliche

Reaktionen wie Augenbewegung erfassen, bieten ein hohes Potenzial, Zusammenhänge bei der Kinetoseentstehung aufzuzeigen. Bei der Durchführung von Versuchen bedarf die Auswahl geeigneter Personen sowie die Variation der Versuchsbedingungen besonderer Aufmerksamkeit. Kinetoseanfällige Personen stellen hierfür meist die geeignete Zielgruppe dar. Um vergleichbare Versuchsbedingungen zu gewährleisten, ist eine reproduzierbare Umgebung in jeder Wiederholung erforderlich. Diese Reproduzierbarkeit ist aufgrund von Gewöhnungseffekten bei den Teilnehmenden oder Unterschieden in Vergleichsgruppen nur eingeschränkt realisierbar. Neben der grundlegenden Vorsicht bei der Arbeit mit Menschen muss bei der Planung eines Versuchs, der zum Ziel hat, Kinetose zu erzeugen, die ethische Vertretbarkeit gegenüber den zu erwartenden Forschungsergebnissen gesondert überprüft werden.

Untersuchungen in Fahrzeugen haben gezeigt, dass die Eintrittshäufigkeit von Kinetose durch sanfte und ruckreduzierte Fahrzeugbeschleunigungen verringert werden kann. Für Situationen im Pkw, bei denen die Nutzenden keine Kontrolle über die Führung des Fahrzeugs haben, führte die Stabilisierung des Kopfes zu einer Symptomreduzierung. Da die Bewegungen von Personen in Fahrzeugen aus aktiven und passiven Vorgängen bestehen, kann eine Manipulation dieser Körperorientierung einen Einfluss auf die Komfortwahrnehmung haben. Adaptive Fahrzeugsysteme bieten daher das Potenzial Wahrnehmungskonflikte zu verringern.

Die Verfügbarkeit prädiktiver oder momentaner visueller Informationen hat einen großen Einfluss auf die Kinetosekritikalität einer Fahrzeugbewegung. Diese Auswirkung ist unter der Ausübung von Tätigkeiten wie dem Videoschauen erlebbar. Die Fokussierung auf ein Display während einer dynamischen Pkw-Fahrt führt mit einer erhöhten Wahrscheinlichkeit zu Symptomen wie Schwindel oder Übelkeit. Es konnte beobachtet werden, dass auch die Größe und Position von Anzeigen oder analogen Medien einen Einfluss hat. Eine Ursache ist die Überdeckung des fovealen sowie peripheren Sehbereiches. Eine dynamische Transformation von Anzeigeinhalten durch eine Verschiebung oder Rotation des Bildes kann helfen, die Entstehung einer Kinetose abzumildern.

2.4 Fazit und Fragestellung

Zum Erreichen des Forschungsziels, die systematische Identifikation von Interventionsmaßnahmen gegen Kinetose im Pkw unter Beachtung der Mensch-Fahrzeug-Interaktion, bildet der beschriebene Stand des Wissens eine umfangreiche Grundlage. Ausgehend von den abgeleiteten Empfehlungen wird ein fundiertes Vorgehen entwickelt. Die in der Literatur identifizierten Forschungslücken werden mithilfe von drei Forschungsfragen adressiert.

Der akute Beginn einer Kinetose wird vorrangig durch äußerlich nicht sichtbare Symptome erlebt. Dies belegen die englischsprachigen Symptomlisten (Tabelle 2.1) und Befragungsskalen (Tabelle 2.5). Während einer andauernden Provokation können auch visuell beobachtbare Symptome oder Verhaltensmuster wie Aufstoßen, Blässe oder das Erbrechen auftreten. Aufgrund des Fehlens robuster Muster zur Erkennung von Kinetose ist die ethisch vertretbare Untersuchung auf die Objektivierung subjektiver Einschätzungen der Betroffenen oder Beobachter angewiesen. In der Literaturanalyse wurde diesbezüglich ein Defizit in der Berücksichtigung verschiedener Kulturen und Sprachen identifiziert. Im speziellen konnte keine empirisch belegte Übersicht umgangssprachlicher Begriffe für die Symptome einer Kinetose in deutscher Sprache gefunden werden.

Die in Abschnitt 2.1.2 betrachteten Theorien zur Entstehung von Kinetose (Sensory Conflict-, Sensory Rearrangement-, Subjective Vertical-, Postural Instability- und „Poisen" / Evolutionary Theory) basieren alle auf der Bewegungswahrnehmung durch das vestibuläre und das visuelle System. Diese Erkenntnis ist elementar für die Untersuchung von Kinetose sowie für die Herleitung von Interventionsmaßnahmen.

Aus den Grundlagen der Mensch-Fahrzeug-Interaktion sind Methoden der Objektivierung von Kopf- und Augenbewegungen etablierte Ansätze, um Reaktionen des Menschen sowie die sensorische Wahrnehmung zu abstrahieren. Die Analyse von biomechanischen Abläufen wie dem Kopfnicken kann es erlauben, in Abhängigkeit von Tätigkeiten oder individuellen Eigenschaften, Zusammenhänge besser zu verstehen. Untersuchungen von Kinetose im Pkw zeigen, dass die visuelle Wahrnehmung einen großen Einfluss auf die Symptomausprägung hat (Tabelle 2.10). Zur Aufnahme dieser Informationen muss das Auge relativ zu Objekten in Ruhe sein. Die in Abschnitt 2.2.2 beschriebene Kategorisierung der Dauer dieser Augenfixationen nach Galley et al. (2015, S. 10) erlaubt eine Abschätzung der kognitiven Aktivität und kann im Zusammenhang zur Orientierung stehen. Die Objektivierung der Mensch-Fahrzeug-Interaktion bietet daher das Potential die Problemsituation zu verstehen und den gewünschten Einfluss von Interventionsmaßnahmen zu überprüfen.

Die theoretische Herleitung von Kinetose sowie die Recherche zu Einflussfaktoren im Pkw zeigen, dass die passive Bewegung des Menschen den Ursprung der Reaktion bildet. Die zugrundeliegende Fahrzeugbewegung kann in Fahrmanöver separiert werden. Wie anhand der Reaktionsbeschreibung des menschlichen Oberkörpers nach Vibert et al. (2001, S. 862, 855) (Abbildung 2.9) zu erkennen ist, erlaubt der anatomische Aufbau im Hals und Kopfbereich eine hoch komplexe Bewegungsreaktion bereits in einfachen Fahrzeugbewegungen wie dem Anfahren und Bremsen. Für die in Abschnitt 2.3.3 betrachteten Interventionsmaßnahmen zeigen sich teilweise Begrenzungen von deren Funktionalität auf einzelne Anregungsrichtungen wie längs, quer oder vertikal. Unter der konservativen Annahme der Richtungsabhängigkeit von Interventionsmaßnahmen ist die Fokussierung auf ein relevantes Fahrmanöver zu erwägen. Ein Beispiel ist die Modifikation des ACC-Regelalgorithmus, welcher vorrangig die Längsdynamik beeinflusst. Wenn zukünftige Untersuchungen robuste Interventionsmaßnahmen identifiziert haben, kann diese Annahme unzulässig sein. Zur Ableitung eines relevanten Fahrmanövers ist das erwartete Risiko von Kinetose bei der Einführung automatischer Fahrzeugfunktionen zu berücksichtigen (Abschnitt 2.2.1). Ziel dieser Funktionen ist die Entlastung der Nutzenden in monotonen Verkehrssituationen. Es wird abgeschätzt, dass die Einführung dieser Funktionen auf ausgewählten Verkehrsflächen geschieht. Hierzu gehören Parkflächen infolge der geringen Geschwindigkeiten sowie Autobahnen aufgrund einer geringeren Anzahl an Störfaktoren. Als relevante Umgebung hinsichtlich der Einführung des automatischen Fahrens ergibt sich daher das Fahren im Stau (Stop-and-Go) auf Autobahnen. Aufgrund des typischen Bewegungsverhaltens mit wechselnden Beschleunigungen entlang der Fahrzeuglängsachse ergibt sich ein erhöhtes Risiko für Kinetose. Dass die einachsige Anregung einer Stop-and-Go-Fahrt eine kritische Situation darstellt, bestätigen bereits die ersten Versuchsfahrten zu Kinetose im Pkw, die nahezu zeitgleich und unabhängig von Probst et al. (1982) und Vogel et al. (1982) durchgeführt wurden. In Ergänzung zu diesen Studien, welche extreme Beschleunigungen betrachten, existieren keine Kinetoseuntersuchungen zu natürlichen Anregungen in diesem Fahrmanöver. Dieser Umstand motiviert die Untersuchung des Stop-and-Go-Verkehrs, um die Relevanz empirisch zu bestätigen.

Befragungen haben ergeben, dass mit steigender Automatisierung der Fahrfunktion der Wunsch nach Beschäftigungen wie dem Filmschauen oder Lesen ansteigt. Die Kombination der wechselnden Beschleunigungen im Stop-and-Go mit der Blickzuwendung auf einen Monitor wird, ausgehend von den in Tabelle 2.10 gesammelten Untersuchungen, zu einer Erhöhung des Kinetoserisikos führen. Die Untersuchungen ergeben auch, dass Beschäftigungen, die eine gute Wahrnehmung der Fahrzeugumgebung erlauben, zu geringeren Symptomausprägungen im Vergleich zu den jeweiligen Versuchsbedingungen führen. Der Blick aus dem Fenster ist eine dieser Beschäftigungen, die aktuell besonders bei kurzen Fahrten bis 30 Minuten häufig auftritt. Die Untersuchung der visuellen Umgebung als Element der Mensch-Fahrzeug-Interaktion ist aufgrund der Kontraste in den Beschäftigungswünschen der Nutzenden sowie der auftretenden Kinetoseausprägungen explizit von Relevanz.

Als Ableitung aus den vorgestellten Einflussmöglichkeiten in der Entstehung von Kinetose, wie physiologischen und psychologischen Merkmalen, Mobilitätsverhalten, Fahrzeugdynamik, Aufmerksamkeit und Beschäftigung, ergibt sich ein entsprechend komplexer Lösungsraum. Im Rahmen der Produktentwicklung wie der Einführung des automatischen Fahrens stehen einem Hersteller in erster Linie gestalterische/technische Möglichkeiten bereit, um die Interaktion von Mensch und Fahrzeug zu verbessern. Entsprechend wird von Interventionsmaßnahmen, die das Verhalten oder die Gewöhnung der Nutzenden betreffen abgesehen. Einige der in Abschnitt 2.3.3 identifizierten Lösungen sind technisch bereits umsetzbar und die beobachtete Wirksamkeit ist vielversprechend. Im Rahmen der systematischen Identifikation sollte eingangs die Notwendigkeit einer Intervention belegt werden. Anschließend kann die Identifikation der Maßnahmen auf Basis der Literatur und einer empirischen Untersuchung der Problemsituation durchgeführt werden. Die anfängliche Untersuchung der Problemsituation erlaubt aufgrund der in Abschnitt 2.1.4 Häufigkeit beschriebenen individuellen Empfindlichkeit die objektive Analyse der Verhaltensmuster verschiedener Personengruppen. Die Erkenntnisse dieser Analyse könnten zur Identifikation von Interventionsmaßnahmen dienen.

 Systematische Identifikation von Interventionsmaßnahmen gegen Kinetose im Pkw unter Beachtung der Mensch-Fahrzeug-Interaktion.

Die Schlussfolgerung dieses Fazits für die Erreichung des Forschungsziels ist die systematische Zerlegung der Aufgabe in die folgenden Aspekte:

- Analyse der betroffenen Personengruppe (FF1)
- empirische Untersuchung der Problemsituation (FF2)
- Identifikation der Interventionen und empirische Bewertung deren Wirksamkeit (FF3)

Ausgehend von den genannten Herausforderungen wird der erste Fokus dieser Arbeit auf die Beschreibung der relevanten Personen für die Problemsituation gelegt. Aufgrund der Fokussierung einer bisher nicht verfügbaren Umgebung, dem automatischen Fahren, ist aktuell nur die Nutzererfahrung von Mitfahrenden im Pkw verfügbar. Die Literaturrecherche motiviert, den Einfluss von Merkmalen wie dem Geschlecht und Alter sowie Bewältigungsstrategien und Symptomen zu analysieren. Die eingangs analysierte Literatur zu Kinetose im Pkw deckt diese Faktoren nur unzureichend ab, da die Stichproben vorrangig jung und männlich dominiert sind. Aufgrund der, aus versuchsökonomischen Gründen, auf den deutschen Sprachraum angelegten Forschungsarbeit ist das Fehlen einer Übersicht umgangssprachlicher Begriffe für die Symptome und einhergehend der Befragungsskalen ein weiteres Defizit. Mithilfe von Forschungsfrage 1 (FF1) werden diese Defizite adressiert.

FF1: Welche Merkmale zeigen Nutzererfahrungen mit Kinetose im Pkw?

Als Ausblick auf die beschriebenen Situationen in automatisch fahrenden Fahrzeugen kann eine Untersuchung von Mitfahrenden genutzt werden. Es wird das Verkehrsszenario der Stop-and-Go-Fahrt aufgrund einer hohen praktischen Relevanz und unzureichender empirischer Erkenntnisse gewählt. Ausgehend vom hohen Einfluss der visuellen Wahrnehmung in anderen Versuchsumgebungen ist die Untersuchung des Diskomfortempfindens im Pkw unter kontrollierten Bedingungen die visuelle Fokussierung betreffend abzuleiten. Subjektive Methoden der Diskomfortbewertung erlauben die bisher fehlende Bewertung der Situation hinsichtlich der Notwendigkeit für Interventionsmaßnahmen. Mithilfe objektiver Methoden zur Beschreibung der Mensch-Fahrzeug-Interaktion kann beantwortet werden, ob Verhaltensunterschiede zwischen den Tätigkeiten oder Empfindlichkeiten im Zusammenhang zur Symptomausprägung stehen. Die Zusammenfassung dieser Fragen spiegelt Forschungsfrage 2 (FF2) wider.

FF2: Welchen Einfluss hat die visuelle Umgebung unter Berücksichtigung der individuellen Kinetoseempfindlichkeit auf die Mensch-Fahrzeug-Interaktion im Stop-and-Go-Verkehr?

Den abschließenden Schritt stellt die Identifikation der Interventionen dar. Für das Ziel Kinetose im Pkw zu reduzieren werden im Rahmen der Arbeit technische Lösungen betrachtet. Der Entwicklungsprozess wird auf den Ergebnissen aus Forschungsfrage 2 sowie den theoretischen Annahmen und empirischen Erkenntnissen der Literaturanalyse aufgebaut. Für die Ableitung von Interventionen zur Reduzierung von Kinetose in einer Stop-and-Go-Fahrt bieten Funktionen die Bewegungsübertragung auf den Menschen betreffend (kinetische Interventionen) sowie Anzeigen zur Manipulation der visuellen Wahrnehmung (visuelle Intervention) ein hohes Potenzial. Daher adressiert Forschungsfrage 3 (FF3) den Einfluss von Interventionen beider Lösungsräume. Die Identifikation von Interventionsmaßnahmen gegen Kinetose im Pkw impliziert deren Wirksamkeit. Eine allgemeingültige Bewertungsmethode der Wirksamkeit von Maßnahmen gegen Kinetose zum Beispiel im Pkw wurde im Rahmen der Literaturrecherche nicht gefunden. Die systematische Identifikation fokussiert daher die empirische Bewertung der Wirksamkeit gegenüber der mit Forschungsfrage 2 untersuchten Versuchssituation im Stop-and-Go. Die Wirksamkeit im Sinne der Mensch-Fahrzeug-Interaktion soll hinsichtlich der Diskomfortausprägung und dem vestibulären und visuellen Bewegungsverhalten beantwortet werden.

 FF3: Welchen Einfluss haben eine visuelle und eine kinetische Intervention auf die Mensch-Fahrzeug-Interaktion im Stop-and-Go-Verkehr?

Empirische Untersuchungen 3

Nachdem das Vorhaben – ausgehend von der Motivation bis zur Herleitung der drei Forschungsfragen – beschrieben wurde, stellen die folgenden empirischen Untersuchungen den Prozess der Beantwortung dieser Fragen dar (Abbildung 3.1). Einleitend wird das Forschungs- und Studiendesign vorgestellt. Darauf folgend werden die drei empirischen Erhebungen separat nach dem Schema: „Methoden und Material", „Ergebnisse" und „Diskussion" erläutert. Im Rahmen der Befragungsstudie Kinetoseerfahrung, die als erste der Erhebungen erfolgt, wird eine Onlinebefragung konzipiert, durchgeführt und ausgewertet. Die Erkenntnisse aus dieser Befragung werden in den darauf folgenden Fahrversuchen angewandt. Zunächst wird eine Fahrt in der Observationsstudie Stop-and-Go nachgestellt, um die gegenwärtige Mensch-Fahrzeug-Interaktion als Ausgangsbasis zu erhalten. Anschließend werden Interventionen entwickelt und in der Interventionsstudie Stop-and-Go bewertet. Aufgrund der iterativen Vorgehensweise erfolgt zum Abschluss der Fahrversuche ein gesamtheitlicher Vergleich von Observations- und Interventionsstudie, der über die Diskussion in den jeweiligen Abschnitten hinausgeht.

Ergänzende Information Die elektronische Version dieses Kapitels enthält Zusatzmaterial, auf das über folgenden Link zugegriffen werden kann https://doi.org/10.1007/978-3-658-41948-6_3.

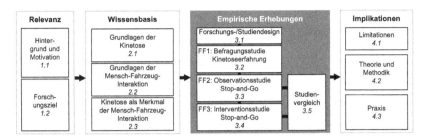

Abbildung 3.1 Aufbau der Arbeit (Kapitel 3). (Quelle: Eigene Darstellung)

3.1   Forschungs- und Studiendesign

Der im Rahmen dieser Dissertation bearbeitete Prozess umfasst die Identifikation eines Problems, die Beschreibung der genaueren Umstände seines Erscheinens sowie die Entwicklung von technischen Lösungsansätzen. Diese Arbeitsweise entspricht der nutzerzentrierten Entwicklung von Produkten gemäß ISO 9241–210:2019 (2019). Für das vorliegende Problem, das Auftreten von Kinetose, zeigt die durchgeführte Recherche, dass die Ursachen hierfür mehrdimensional sind. Entsprechend ermöglicht die Identifikation des Problems nicht direkt die Herleitung der Ursachen. Bestimmte Anforderungen, wie die des Lesens während einer Pkw-Fahrt, schließen einige Lösungen, die die visuelle Wahrnehmung betreffen, aus. Es ist daher parallel zur Beobachtung der Problemumgebung erforderlich, bestehende Theorien sowie zugehörige empirische Erkenntnisse intensiv zu studieren. Es zeigt sich, dass eine allgemeine qualitative Beschreibung von Kinetoseerlebnissen ohne spezifisches Wissen erhoben werden kann. Unklar ist jedoch, welche Methoden sich eignen, die Polysymptomatik von Kinetose zu erfassen und zu erzeugen, um eine quantitativ belastbare Bewertung von Interventionen zu ermöglichen.

Zur Beantwortung von Forschungsfrage 1 „Welche Merkmale zeigen Nutzererfahrungen mit Kinetose im Pkw?" wird eine Onlinebefragung durchgeführt und die relevante Nutzergruppe analysiert. Da die Validierung der Ergebnisse mit Personen in Deutschland stattfinden soll, wird die Erhebung regional auf Deutschland beschränkt. Anhand der Nutzergruppe werden Kriterien zur Prädiktion der Empfindlichkeit ermittelt. Eine Komponente ist die individuelle Erfahrung aus Situationen, in denen bereits Kinetose auftrat. Ein weiteres Ziel der Nutzeranalyse ist die Verbesserung der Kinetoseerhebung durch die Erfragung deutschsprachiger Symptombegriffe und Ableitung einer Symptomliste mit entsprechender Repräsentanz.

Ausgehend von der mit Forschungsfrage 1 identifizierten Nutzercharakteristik wird eine Auswahl geeigneter Personen für die Observationsstudie getroffen, die Antwort geben soll auf Forschungsfrage 2: „Welchen Einfluss hat die visuelle Umgebung unter Berücksichtigung der individuellen Kinetoseanfälligkeit auf die Mensch-Fahrzeug-Interaktion im Stop-and-Go-Verkehr?" Die empirische Erhebung wird anhand von Pkw-Versuchsfahrten auf einem geschlossenen Versuchsgelände realisiert (Tabelle 2.4). Das Fahrprofil des Fahrzeugs wird kontrolliert und basiert auf realen Felddaten. Da die Rolle der Fahrzeugführenden in automatisch fahrenden Fahrzeugen auf eine Überwachungsaufgabe reduziert oder zeitweise in die von Mitfahrenden überführt wird (Abschnitt 2.2.1), erfolgt die Untersuchung an Mitfahrenden auf dem Beifahrersitz. Als Nutzertätigkeiten während der Fahrt werden zwei Extrema der sensorischen Stimulation durch wiederholtes Testen der Teilnehmenden (Tabelle 2.7) betrachtet. Aufgrund des hohen Einflusses der visuellen Wahrnehmung werden die Bedingungen der Außensicht und des Videoschauens nachgestellt (Tabelle 2.10). Das Videoschauen wurde vermehrt als mögliche Beschäftigung in automatischen Fahrzeugen gewünscht und kann als repräsentativ für die Beschäftigung mit verschiedenen Displayinhalten gesehen werden (Abschnitt 2.2.1). Die Quantifizierung von Kinetose als Merkmal der Mensch-Fahrzeug-Interaktion erfolgt anhand des zeitlichen Verlaufs von Symptomen. Die Abfrage basiert auf etablierten Methoden (Tabelle 2.5) die ausgehend von der deutschsprachigen Symptomliste (Forschungsfrage 1) angepasst werden. Darüber hinaus werden Methoden zur Objektivierung der Mensch-Fahrzeug-Interaktion in Form von Kopf- und Augenbewegungen angewendet (Abschnitt 2.2.2). Die beobachteten Parameter erlauben eine vereinfachte Analyse der sensorischen Bewegungswahrnehmung. Es werden zwei Gruppen mit unterschiedlicher Kinetoseempfindlichkeit betrachtet (Chen et al., 2016, S. 217). Bei Bestätigung der abweichenden Kinetoseempfindlichkeit zwischen diesen Gruppen erlaubt der Vergleich die Analyse von Verhaltensmustern und kann für die Entwicklung der Interventionen dienen.

Nachdem für Forschungsfrage 1 und 2 die Nutzergruppe sowie die Problemsituation analysiert wurden, stellt die Manipulation der Interaktion den abschließenden Untersuchungsschritt dar. Ausgehend von der Bestätigung der Problemsituation, dass die Mitfahrt im Stop-and-Go auf dem Beifahrersitz während der Betrachtung eines Videos eine erhöhte Kinetoseausprägung hervorruft, erfolgt die Herleitung technischer Lösungen. Die betrachteten Theorien (Abschnitt 2.1.2) erlauben eine Unterteilung der Interventionen in die Bereiche der visuell und vestibulär wirkenden Maßnahmen. Eine technische Maßnahme zur Beeinflussung der Kinetoseentstehung oder -ausprägung, die an der vestibulären Anregung in Situationen mit Längsdynamik ansetzt, ist im realen Umfeld nicht bekannt (Tabelle 2.9). Daher ergibt sich hieraus ein großes Potenzial für verschiedene Fahrzeugfunktionen. Auch die visuelle Wahrnehmung ist ein kritischer Faktor, da die Ablenkung vom Straßengeschehen in Studien wiederholt zu einer Erhöhung der Symptome führte (Tabelle 2.10). Die unter Forschungsfrage 2 beobachteten Verhaltensmuster stellen die Grundlage der technischen Entwicklung dar. Im Fokus von Forschungsfrage 3: „Welchen Einfluss haben eine visuelle und eine kinetische Intervention auf die Mensch-Fahrzeug-Interaktion im Stop-and-Go-Verkehr?", steht die Untersuchung von zwei Interventionen. Die entwickelte Versuchsumgebung zur realitätsnahen Untersuchung der Problemsituation für Forschungsfrage 2 wird auch für die Bewertung der Interventionsmaßnahmen genutzt. Die gewählten Methoden zur subjektiven und objektiven Erfassung der Mensch-Fahrzeug-Interaktion erlauben abschließend die Bewertung der Wirksamkeit. Die Erkenntnisse zu Kopf- und Augenbewegungen in einem natürlichen Umfeld sollen den Stand der Wissenschaft hinsichtlich der Mensch-Fahrzeug-Interaktion ergänzen. Die methodische Umsetzung der drei Forschungsfragen sowie die jeweiligen Funktionen zur Erreichung des Forschungsziels sind in Tabelle 3.1 zusammengefasst.

Tabelle 3.1 Übersicht Studiendesign. (Quelle: Eigene Darstellung)

#	Methode	Frage	Funktion
FF1	Onlinefragebogen ($N = 408$)	Welche Merkmale zeigen Nutzererfahrungen mit Kinetose im Pkw?	– Ableitung von Kriterien zur Auswahl der Stichprobe – Deutschsprachige Symptomliste zur Optimierung der Kinetoseerhebung
FF2	Probandenversuch Messwiederholungen (Within-Subject) ($N = 62$)	Welchen Einfluss hat die visuelle Umgebung unter Berücksichtigung der individuellen Kinetoseempfindlichkeit auf die Mensch-Fahrzeug-Interaktion im Stop-and-Go-Verkehr?	– Quantifizierung der Problemsituation hinsichtlich Bewegungsstimulation und Nutzergruppe – Quantifizierung objektiver Merkmale der Mensch-Fahrzeug-Interaktion

(Fortsetzung)

Tabelle 3.1 (Fortsetzung)

#	Methode	Frage	Funktion
FF3	Probandenversuch Messwiederholungen (Within-Subject) ($N = 20$)	Welchen Einfluss haben eine visuelle und eine kinetische Intervention auf die Mensch-Fahrzeug-Interaktion im Stop-and-Go-Verkehr?	– Wirksamkeit von Interventionsmaßnahmen – Quantifizierung der Beeinflussung objektiver Merkmale durch Einführung der Interventionsmaßnahmen

3.2 Befragungsstudie Kinetoseerfahrung

Dieser Abschnitt hat das Ziel Forschungsfrage 1 (FF1): „Welche Merkmale zeigen Nutzererfahrungen mit Kinetose im Pkw?", im Rahmen einer Befragung zu beantworten. Der Fokus liegt auf der Identifikation der Betroffenen und – sofern bereits Kinetoseerfahrungen vorliegen – auf den erlebten Symptomen. Die Ergebnisse werden genutzt, um eine adressatengerechte Planung und Durchführung der Realfahrstudien zu ermöglichen. Die als Onlinebefragung konzipierte Erhebung soll dazu dienen, das Phänomen Reiseübelkeit besser zu verstehen, um bei der nachfolgenden Arbeit mit Versuchspersonen die wissenschaftliche Perspektive durch Wissen aus dem direkten Kontakt mit Betroffenen zu erweitern.

3.2.1 Methode und Material

Im folgenden Abschnitt wird zunächst der Aufbau der Befragung vorgestellt. Anschließend werden Erhebungszeitraum, Stichprobe und darauf folgend Details zur statistischen Auswertung der Daten dargestellt.

3.2.1.1 Befragungsgegenstand und -design

Es wurde eine Online-Umfrage entwickelt und verbreitet. Durch die Beantwortung entsteht ein zeitlicher Aufwand von 10 bis 15 Minuten. Diese Umfrage besteht aus acht Abschnitten und bis zu 47 Befragungselementen (EZM Anhang E), die abhängig von den vorausgehenden Antworten variieren. Die Elemente unterteilen sich in die in Tabelle 3.2 aufgelisteten Abschnitte. Im Folgenden wird die Verwendung hinsichtlich Forschungsfrage 1 benannt.

In der Medizin sind die in Abschnitt 2.1.3 beschriebenen Bezeichnungen der Symptome einer Kinetose seit Langem gefestigt. Zur Durchführung einer Probandenstudie, die den Konflikt einer Kinetose erzeugt, erschien es hilfreich, die in Deutschland umgangssprachlich genutzten Benennungen für ein Reisekrankheitserlebnis ebenfalls zu berücksichtigen. Die Symptome werden im Fragebogen wiederholt jeweils in einem anderen Kontext mittels einer Freitextangabe erhoben (Tabelle 3.2). In den Abschnitten Allgemeines, Situationsbeschreibung und Entstehung/Entwicklung wurden jeweils ein bis drei Symptome der Reisekrankheit erfragt. Darüber hinaus erfolgt im Abschnitt Symptombeschreibung eine Abfrage zur Erfahrung mit 24 Symptomen auf einer vierstufigen Skala (Symptomliste des Pensacola Motion Sickness Questionnaire (MSQ) in deutscher Übersetzung nach Neukum & Grattenthaler (2006)).

Tabelle 3.2 Übersicht der Abschnitte des Onlinefragebogens. (Quelle: Eigene Darstellung)

Abschnittsbezeichnung/Funktion	Erläuterung **Verwendung**
1. Einleitende Abfrage zu Reiseübelkeit	Erfahrungen mit Reiseübelkeit
	Auswertung: Symptome
2. Situationsbeschreibung	Beschreibung einer üblichen Verkehrssituation
	Auswertung: Symptome
3. Bewältigungsstrategien	Maßnahmen zur Symptomreduzierung (ausgenommen Musik)
	Auswertung: Maßnahmenherleitung bzw. Risikoabschätzung
4. Tätigkeiten	Tätigkeiten während der Fahrt im Pkw
	Keine Verwendung
5. Entstehung/Entwicklung	MSSQ-Short-Wert, Symptome
	Auswertung: Symptome, Probandenkollektiv
6. Symptombeschreibung	Symptomliste
	Auswertung: Symptome
7. Persönlichkeit	Big Five Inventory – 10
	Keine Verwendung
8. Demografie	Alter, Geschlecht, Bildung, Fahrverhalten
	Auswertung: Probandenkollektiv

Die Umfrage hat, neben den Symptombezeichnung, das Ziel, Kriterien für die Auswahl der relevanten Nutzergruppe zu ergeben. Hierzu zählen zum einen demografische Anforderungen und zum anderen Kennwerte zur Reaktionsemp-findlichkeit auf Kinetose provozierende Stimulationen. Beide Extrema der Reak-tionsempfindlichkeit (hohe Resistenz beziehungsweise hohe Anfälligkeit) können durch das Fehlen jeglicher Symptome beziehungsweise eine hohe Abbruchquote für einen Realversuch problematisch sein. Um daher möglichst differenzierte Angaben zu erhalten, wird die Antworten auf eine direkte Frage (Eingangsfrage: „Wie häufig leiden Sie selbst während einer Autofahrt unter Reisekrankheit?") mit den Angaben zu einer etablierten Abfragekombination, dem Motion Sickness Susceptibility Questionnaire Short-form (MSSQ-Short-Wert, Golding (2006b)) verglichen. Im Abschnitt Bewältigungsstrategien konnten die Teilnehmenden über eine freie Texteingabe detaillierte Angaben zu möglichen Strategien der Kinetosevermeidung machen. Die Abschnitte Situationsbeschreibung, Persön-lichkeitsmerkmale und Tätigkeiten reichen über den Untersuchungsbereich von Forschungsfrage 1 hinaus. Die Ergebnisse sind separat verfügbar (Brietzke et al., 2017).

3.2.1.2 Stichprobe

Der Erhebungszeitraum betrug 2 Wochen und 3 Tage vom 18.06.2015 bis 05.07.2015. Die Umfrage wurde als Internet-Link durch die Professur Arbeits-wissenschaft und Innovationsmanagement der Technischen Universität Chemnitz veröffentlicht. Ein Informationsschreiben inklusive Link (EZM Anhang F) wurde vorrangig über die Pressestelle der Universität verbreitet. Darüber hinaus erfolgte eine Verteilung über institutsinterne E-Mail-Listen sowie soziale Netzwerke. Es wurden insgesamt $N = 408$ gültige Fragebögen ausgefüllt. Ein Rückschluss auf die Identität der Teilnehmenden ist nicht möglich. Eine mehrfache Teilnahme war nicht ausgeschlossen, wird aber als unwahrscheinlich bewertet, da kein Anreiz in Form einer Vergütung gesetzt wurde. Die Stichprobe setzt sich aus 287 weib-lichen (70,34 %) und 121 männlichen (29,66 %) Personen zusammen. Das Durchschnittsalter beträgt 35,24 Jahre ($SD = 12,67$).

3.2.1.3 Datenverarbeitung

Es erfolgte eine Kategorisierung der Symptombezeichnungen im Form von Ober- und Unterkategorie. Die Basis hierfür bilden die in Abschnitt 2.1.3 Symptome genannten Symptomlisten sowie das Klassifikationssystem ICD-10 (ICD-10-GM, Version 2016, 2016). Diese Vorgaben strukturieren die Zusammenfassung von wortstammähnlichen Begriffen. Die Analyse der Daten erfolgt, da keine Nor-malverteilung vorliegt, anhand des U-Tests für unabhängige Stichproben nach Wilcoxon, Mann und Whitney (Leonhart, 2009, S. 217). Weitere Annahmen der

Testmethoden sind gegeben. Die Messdaten werden z-standardisiert, um den Korrelationskoeffizienten *r* nach Pearson zu berechnen (Rosenthal & DiMatteo, 2001, S. 72). Der Korrelationskoeffizient wird zur Abschätzung der Effektstärke herangezogen (Cohen, 1992, S. 157). Für die Angabe von Kennwerten in Form von Aufzählungen wird das Komma durch einen Punkt als dezimales Trennzeichen ersetzt, um die Lesbarkeit zu verbessern. Die Kennzeichnungen in den abgebildeten Box-Plots (zum Beispiel Abbildung 3.3) beinhalten die Elemente Stern, horizontale Linie, vertikale Line und entsprechen dem Mittelwert, dem Median und dem Datenbereich vom 0 %- bis 100 %-Perzentil in dieser Reihenfolge. Die quadratische Box umfasst die Datenpunkte vom 25 %- bis 75 %-Quantil. Die Analyse erfolgt mithilfe der Software R (R Core Team, 2020) und RStudio (RStudio Team, 2018).

3.2.2 Ergebnisse

Die Antworten auf die vorab beschriebene Eingangsfrage mit fünf Antwortmöglichkeiten (nie, selten, gelegentlich, häufig, fast immer) zur Beurteilung der individuellen Kinetoseempfindlichkeit ergibt für 73 % (296/408) der Teilnehmenden Einschränkungen des Reisekomforts durch seltene bis hin zu regelmäßigen Symptomen (Abbildung 3.2).

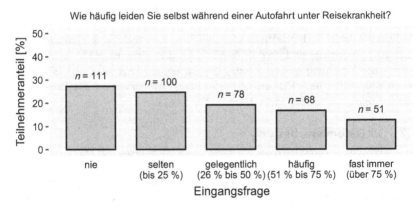

Abbildung 3.2 Verteilung der Kinetosehäufigkeit aus direkter Befragung. (Quelle: Eigene Darstellung)

Ein Vergleich zwischen der direkten Befragung und dem MSSQ-Short-Wert (Abschnitt 2.3.2) zeigt eine hohe und signifikante Korrelation ($r = 0.7$, $p < .001$). Das Geschlecht beeinflusst die Ausprägung beider Kenngrößen der Kinetosehäufigkeit signifikant (EZM Anhang G: Tabelle 26). Wie in Abbildung 3.3 dargestellt, geben Teilnehmerinnen eine höhere Kinetoseempfindlichkeit an (Eingangsfrage: $z = -5.3$, $w = 28997$, $p < .001$, $r = 0.26$, $N = 408$; MSSQ-Short-Wert: $z = -5.9$, $w = 26212$, $p < .001$, $r = 0.29$, $n = 398$).

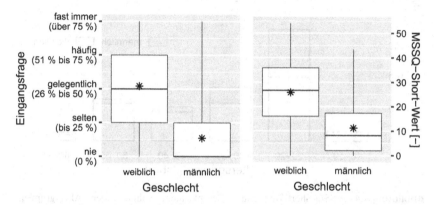

Abbildung 3.3 Kinetoseempfindlichkeit nach Geschlecht. (Quelle: Eigene Darstellung)

Wie in Abbildung 3.4 (oben) dargestellt, tritt zwischen dem MSSQ-Short-Wert und dem Alter eine niedrige positive Korrelation ($r = 0.2$, $p < .001$) auf. Es existiert eine erhöhte Kinetosehäufigkeit für Personen im Alter von 40–59 Jahren. Zu berücksichtigen sind hierbei die Unterschiede in der Anzahl der Personen je Altersgruppe und Geschlecht (Abbildung 3.4, unten).

Aus den 408 Antwortbögen ergeben sich aufgrund der mehrfachen Abfrage von Symptomen 2365 Nennungen von Reisekrankheitsmerkmalen. Sie wurden in sieben Kategorien unterteilt. Die Zuordnung fand in die Kategorien Magen/Darm, Herz/Kreislauf, Allgemeinzustand, Transpiration, Stimmung/Bewusstsein, Wahrnehmung und Sonstiges statt. Hiervon ausgehend sind die herausstehenden Bezeichnungen (Nennungshäufigkeit in Prozent) in den Kategorien Magen/Darm, Herz/Kreislauf und Allgemeinzustand Symptome in dieser Reihenfolge: Übelkeit

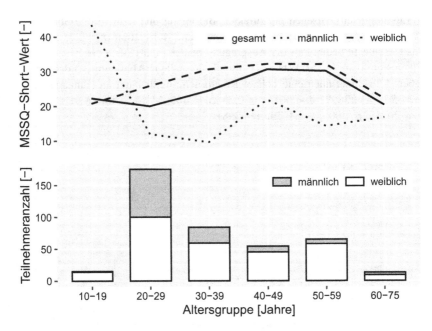

Abbildung 3.4 MSSQ-Short-Wert und Geschlechterverteilung über Altersgruppen. (Quelle: Eigene Darstellungen)

(41 %), Schwindel (14 %) und Kopfschmerzen (8 %) (Abbildung 3.5). Das Symptom Erbrechen wurde auch mit einer Häufigkeit von 12 % (275/2365) genannt. Da es sich beim Erbrechen um ein äußerlich wahrnehmbares Symptom handelt, ist es für den Fokus dieser Untersuchung, Ermittlung von Kinetosesymptomen zur verbalen Erhebung in einer Probandenstudie, nebensächlich. Darüber hinaus sollte das Erbrechen aufgrund der hohen Belastung für den menschlichen Organismus in Probandenstudien durch einen vorzeitigen Versuchsabbruch vermieden werden. Eine komplette Übersicht der aufgetretenen Kategorien sortiert nach Oberkategorien ist in Anhang G: Tabelle 27 des elektronischen Zusatzmaterials aufgelistet. Die Betrachtung der Unterkategorien mit einer Nennungshäufigkeit von mindestens 1 % der Gesamtbegriffe (entsprechend $n = 23$) führt zu der in Anhang G: Tabelle 28 im elektronischen Zusatzmaterial gezeigten deutschsprachigen Symptomliste mit 10 Begriffen. Diese Symptomliste deckt 89 % (2111/ 2365) der genannten Begriffe ab.

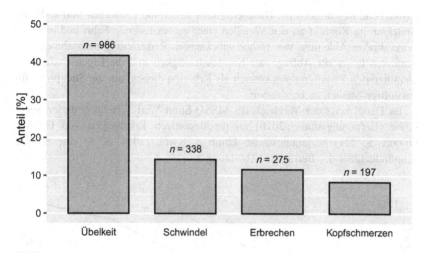

Abbildung 3.5 Anteil der häufigsten Symptombezeichnungen. (Quelle: Eigene Darstellung)

Von den 408 Teilnehmenden gaben 244 Personen an, eine Bewältigungsstrategie anzuwenden, um die Reisekrankheit zu vermeiden oder zu reduzieren. Die vier häufigsten Strategien, mit einem Gesamtanteil von circa 45 % aller Antworten, waren: „geradeaus schauen" (13,64 %), „keine Nebenbeschäftigung" (11,82 %), „Medikamente" (10,55 %) und „vorne sitzen" (8,73 %). 40 % dieser Personen nutzen ihre Strategie erst ab dem Auftreten des ersten Symptoms.

3.2.3 Diskussion

Als Antwort auf Forschungsfrage 1: „Welche Merkmale zeigen Nutzererfahrungen mit Kinetose im Pkw?", ergeben sich die folgenden Schlussfolgerungen. Ausgehend von der erarbeiteten Symptomliste mit 10 Begriffen (EZM Anhang G: Tabelle 28) treten Übelkeit, Schwindel und Kopfschmerzen als am häufigsten genannte Bezeichnungen zur Beschreibung von Reisekrankheit im deutschsprachigen Raum auf. Daher werden sie für eine Abfrage während einer Stimulation empfohlen. Eine klare Tendenz zu einer höheren Anfälligkeit bei Frauen konnte bestätigt werden. Hinsichtlich der Altersgruppen sollte auf eine möglichst breite Stratifizierung geachtet werden, da der Einfluss des Alters nicht

ausreichend beschrieben ist. Darüber hinaus stehen die genannten Vermeidungsstrategien im Konflikt zu den Vorteilen einer automatisierten Fahrt und erlauben
keine direkte Ableitung von bisher unbekannten Reduzierungsmaßnahmen. Die
genutzten Items zur Abfrage der Kinetosehäufigkeit und die Eigenschaften der
identifizierten Risikogruppen können als Kriterien dienen, um die Stichprobe für
zukünftige Studien zu bestimmen.

Im Detail zeigt der Vergleich der MSSQ-Short-Wert-Verteilung dieser Stichprobe (Befragungsstudie 2016) zu repräsentativen Erhebungen von Golding
(2006b, S. 241) beziehungsweise Lamb & Kwok (2014, S. 5) eine erhöhte
Empfindlichkeit der Befragten (Abbildung 3.6).

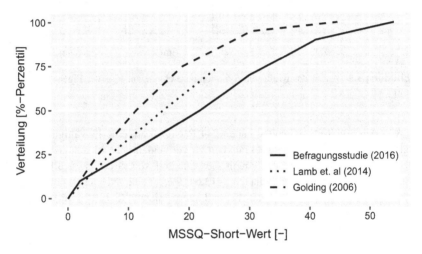

Abbildung 3.6 MSSQ-Short-Wert Verteilungen. (Quelle: Eigene Darstellung)

Die in dieser Befragung erhobene höhere Empfindlichkeit bei Frauen entspricht bereits bekannten Beobachtungen bei Selbsteinschätzung durch die
Befragten (Förstberg, 2000, S. 31; Klosterhalfen et al., 2005, S. 1053; Paillard et al., 2013, S. 207). Zusätzlich ist zu berücksichtigen, dass die Stichprobe
eine sehr unausgeglichene Geschlechterverteilung aufweist. Mit etwa 70 % liegt
der weibliche Anteil um 19 % über dem aktuellen weiblichen Bevölkerungs-
anteil in Deutschland von 51,2 % (Zensus Kompakt – 2011, 2015, S. 8). Die
Ursache für die Unterschiede in der Kinetoseempfindlichkeit und der Teilnah-
mebereitschaft von Männern und Frauen kann auf das methodische Vorgehen
und den Themenbereich zurückgeführt werden. Der Aufruf zu einer freiwilligen

Teilnahme an einem Fragebogen zum Thema Reisekrankheit führt zu einer Verzerrung durch Selbstselektion (selection bias) unter den informierten Personen. Es
wurde in der Formulierung speziell darauf geachtet, alle Empfindlichkeitsgruppen
anzusprechen. Es ist jedoch davon auszugehen, dass unempfindliche Personen
aufgrund eines fehlenden Problembewusstseins eine geringere Bereitschaft zur
Teilnahme haben. Trotz der signifikant höheren Ausprägung der Kennwerte (EZM
Anhang G: Tabelle 26) für weibliche Teilnehmerinnen stellt auch die Geschlechterverteilung der Stichprobe ein Indiz für die höhere Anfälligkeit bei Frauen dar.
Die Schlussfolgerung aus dieser Beobachtung ist, dass für die Durchführung einer
repräsentativen Probandenstudie mindestens eine fünfzigprozentige Frauenquote
angestrebt werden sollte. Eine geringere Quote an Teilnehmerinnen könnte zu
einer Unterschätzung der Kinetosekritikalität führen.

Eine Häufung der Teilnehmenden tritt in der Altersgruppe von 20 bis 29 Jahren auf. Eine Ursache hierfür kann die Verteilung der Pressemitteilung über die
Webseite der Technischen Universität Chemnitz sein, die durch Studierende und
Hochschulbewerber*innen genutzt wird. Für die Interpretation des Alters muss
beachtet werden, dass in den Altersgruppen 10 bis 19 Jahre beziehungsweise 60
bis 75 Jahre nur 17 beziehungsweise 15 Personen vertreten sind. Daher ist die
Aussagekraft der Kennwerte für diese Bereiche reduziert. Entgegen dem Ergeb-
nis einer positiven Korrelation zwischen Alter und Kinetosehäufigkeit in dieser
Untersuchung traten in früheren Beobachtungen sowohl positive als auch negative
Korrelationen auf (Förstberg, 2000, S. 30; Golding, 2006a, S. 71; Griffin, 2001,
S. 857; Paillard et al., 2013, S. 207). Eine lineare Repräsentation des Alterszu-
sammenhangs scheint diesen nicht adäquat abzubilden. Neben den hier gezeigten
Ergebnissen (Abbildung 3.4, oben) belegen auch Paillard et al. (2013, S. 206),
dass ein Maximum des MSSQ-Short-Wert in der Altersgruppe von 40 bis 59
Jahren auftritt. Einen besonderen Einfluss auf die positive oder negative Alters-
abhängigkeit hat daher der in der jeweiligen Stichprobe erfasste Altersbereich.
Gegenüber einer linearen Abbildung der Zusammenhänge sollten daher kom-
plexere Beschreibungen geprüft werden. Eine Vielzahl der in Abschnitt 2.1.3
erwähnten Studien wurde primär im universitären Rahmen durchgeführt. Die
genutzten Stichproben repräsentieren häufig eine junge und männliche Bevölkerung (Tabelle 2.4). Um die Diskrepanz zur Altersstruktur der Gesamtbevölkerung
zu reduzieren, sollten ältere Jahrgänge in den Studien stärker berücksichtigt werden. Alternativ muss die eingeschränkte Übertragbarkeit auf die Bevölkerung
zwingend bewertet werden.

Aus der Vielzahl an bekannten Symptomen einer Kinetose wie Gähnen, erhöh-
tem Schwitzen, Schwindel oder Würgereiz (Tabelle 2.1) dominieren in der hier

durchgeführten Umfrage die Symptome Übelkeit, Schwindel und Kopfschmerzen. Sie wurden von den 408 Personen am häufigsten genannt. Diese Häufigkeit
bildet die Grundlage für die Annahme, dass diese drei Bezeichnungen geeignet
sind, die Kinetoseausprägung im deutschsprachigen Raum zu erfassen.

Die am häufigsten genannte Kinetose-Vermeidungsstrategie ist das „Gera-
deausschauen". Dieser Lösungsansatz steht im Konflikt zu den gewünschten
Tätigkeiten mit Blick auf einen Monitor (Tabelle 2.2). Die Einschätzung von
Diels (2014, S. 304), wonach die Insassentätigkeiten eine der Ursachen für einen
Anstieg von Kinetose in automatischen Fahrzeugen sein werden, wird hiermit
bestätigt. Ein weiteres kritisches Ergebnis der Befragung ist die Strategie Medikamente zur Symptomreduzierung zu nutzen. Im Falle eines mehrfachen Wechsels
zwischen aktiver und passiver Fahrzeugkontrolle ist mit einer Einschränkung
durch Nebenwirkungen während der Ausführung der aktiven Fahraufgabe zu
rechnen (Cheung, 2008, S. 9). Die Strategien des „Vornesitzens" und des „Ge-
radeausschauens", die von den Umfrageteilnehmenden genannt wurden, decken
sich mit bekannten Bewältigungsstrategien (Diels, 2009, S. 8). Die beiden
Lösungen erlauben eine hohe visuelle Wahrnehmung der aktuellen und zukünftigen Fahrzeugbewegung. Daher sollten Reduzierungsmaßnahmen mit ähnlichen
Funktionsweisen erarbeitet werden.

3.3   Observationsstudie Stop-and-Go

Diese Untersuchung hat das Ziel, einen IST-Zustand zum Kinetoseauftreten
zu ermitteln. Im folgenden Abschnitt wird ein Fahrversuch (Observationsstudie – OBS) zur Erhebung des natürlichen Insassenverhaltens in einer realitätsnahen Stop-and-Go-Verkehrssituation vorgestellt. Die durchgeführte Studie
dient zur Beantwortung von Forschungsfrage 2: „Welchen Einfluss hat die visuelle Umgebung unter Berücksichtigung der individuellen Kinetoseempfindlichkeit
auf die Mensch-Fahrzeug-Interaktion im Stop-and-Go-Verkehr?" Die Teilnehmenden erhielten die Aufgabe, ein vorausfahrendes Fahrzeug zu beobachten
oder eine Kurzdokumentation auf einem Monitor zu betrachten. Weiterhin bildet diese Untersuchung die Basis für die darauf aufbauende Untersuchung der
Interventionen. Es werden die Methoden vorgestellt, die herangezogen werden,
um die Kinetoseausprägung sowie die Kopf- und Augenbewegungen quantitativ
zu beschreiben. Darüber hinaus wird die Kinetoseempfindlichkeit der Stu-
dienteilnehmenden kontrolliert. Ein Vergleich der Empfindlichkeitsgruppen soll
Rückschlüsse auf verschiedenartige Verhaltensmuster liefern und zur Ableitung
der Interventionen dienen.

3.3.1 Methode und Material

In den folgenden Abschnitten werden die Rahmenbedingungen zur Durchführung des Probandenfahrversuchs erläutert. Eingangs werden die realitätsnahen Versuchsbedingungen und die Fahrzeugdynamik beschrieben, die die Basis für die Stimulation bilden. Im Anschluss wird die zur Beantwortung der Forschungsfrage rekrutierte Stichprobe vorgestellt. Abschließend werden die angewandten Messmethoden und die Datenverarbeitung beschrieben. Aufgrund der sukzessiven Betrachtung der Problemsituation, werden methodische Elemente auch für die Folgestudie in Abschnitt 3.4 Interventionsstudie Stop-and-Go verwendet.

3.3.1.1 Versuchsbedingungen

Abbildung 3.7 Versuchsaufbau mit nachfolgendem Probandenfahrzeug. (Quelle: Eigene Darstellung)

Auf einem Testgelände (Klettwitz, Deutschland) wurde mit zwei Fahrzeugen eine Stop-and-Go-Situation auf einem autobahnähnlichen Streckenabschnitt nachgestellt (Abbildung 3.7). Die Dauer der Situation betrug 11 Minuten. Bei allen Versuchsbedingungen dieser Arbeit befanden sich die Teilnehmenden auf dem

Beifahrersitz im hinteren der zwei Fahrzeuge (schwarzes Fahrzeug in Abbildung 3.7). Eine Versuchsbedingung war die Beobachtung des vorausfahrenden Fahrzeugs mit uneingeschränkter Außensicht. Die Teilnehmenden hatten die Aufgabe, das vorausfahrende Fahrzeug visuell zu verfolgen. Diese Versuchsbedingung wird mit Bedingung A – Außensicht bezeichnet (Abbildung 3.8).

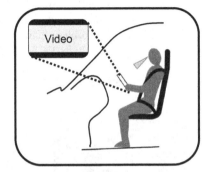

Abbildung 3.8 Darstellung der Versuchsbedingungen (OBS). (Quelle: Eigene Darstellung)

Unter der zweiten Versuchsbedingung musste ein Video auf einem Tablet-PC betrachten werden. Diese Versuchsbedingung wird mit Bedingung B – Video bezeichnet. Für die Bedingung B – Video wurde als visuelle Beschäftigung ein 11-minütiger Kurz-Dokumentarfilm gezeigt. Um das Interesse der Teilnehmenden am Filminhalt zu erhöhen, konnte ein Video aus drei Themenbereichen gewählt werden. Im Anschluss an die Fahrt wurden zwei vorab bekannte Fragen zum Video gestellt. Der Ton des Videos wurde über das Infotainmentsystem des Fahrzeugs wiedergegeben. Der Tablet-PC (Nexus 10, 2019) verfügte über eine 10-Zoll Anzeigendiagonale und eine stabile Hülle. Die genaue Haltung wurde nicht erfasst. Es war den Teilnehmenden möglich und auch nicht aktiv untersagt, den Blick vom Tablet-PC abzuwenden, um beispielsweise die Straße zu betrachten. Die Teilnehmenden wurden informiert, dass der Hintergrund der Untersuchung die Erhebung des Komforts und des Bewegungsverhaltens war. Zusätzlich wurden sie über mögliche Risiken durch das Auftreten von Kinetosesymptomen aufgeklärt. Anschließend gaben die Teilnehmenden ihr schriftliches Einverständnis zur freiwilligen Teilnahme. Bei Anzeichen jedweden Risikos hatten alle Beteiligten jederzeit die Möglichkeit, den Versuch abzubrechen.

Zusätzlich zu den beschriebenen Bedingungen, unter denen die Teilnehmenden die Rolle von Mitfahrenden im Fahrzeug übernahmen, wurde eine weitere Bedingung vorgeschaltet, unter der die Teilnehmenden das Fahrzeug aktiv führten. Hierbei musste dem vorausfahrenden Fahrzeug während der Staufahrt selbstständig gefolgt werden (manuelle Fahrt). Diese Erhebung erfolgte im Rahmen von unabhängigen Untersuchungen und wird hier zur vollständigen Versuchsbeschreibung erwähnt. Es erfolgt keine Betrachtung dieser Bedingung im weiteren Verlauf der Arbeit.

3.3.1.2 Versuchsdesign

Das Versuchsdesign der Kinetoseuntersuchung weist einige Besonderheiten auf. Es wurden zwei Personengruppen gebildet, eine mit hoher und die andere mit niedriger Kinetoseempfindlichkeit, um einen Vergleich der Symptomausprägung zwischen diesen selbstberichteten Empfindlichkeitsgruppen (Between-Subject Variable) zu ermöglichen. Es ist zu erwarten, dass sowohl die Versuchsbedingungen als auch die individuelle Empfindlichkeit einen Einfluss auf die Ausprägung der Kinetosesymptome haben. Um auszuschließen, dass das Versuchsergebnis durch die Empfindlichkeiten der Teilnehmenden verzerrt wird, werden alle Teilnehmenden unter beiden Versuchsbedingungen beobachtet (Within-Subject Variable). Daraus ergibt sich, dass alle Teilnehmenden wiederholt getestet werden. Es kann also dazu kommen, dass sich die Versuchsbedingungen aufgrund ihrer zeitlichen Reihenfolge untereinander beeinflussen (Carry-Over Effekt). Um den Effekt auf die Symptomausprägung zu reduzieren, wird ein ausreichend langer Zeitraum von mindestens einer Nacht zur Regenerierung zwischen zwei Versuchsteilnahmen festgelegt. Die Unterbrechung bedeutet für die Teilnehmenden einen höheren Aufwand für Anreise und Terminfindung. Die Wahrscheinlichkeit von Versuchsabbrüchen wurde dadurch verringert, dass eine feste Reihenfolge der Versuchsbedingungen nach ansteigender Kinetosekritikalität festgelegt wurde (Tabelle 3.3). Damit wurde auf die Vorteile einer Randomisierung verzichtet. Auf Basis von früheren Studienergebnissen (Tabelle 2.10) wurde erwartet, dass die Bedingung B – Video zu einem größeren sensorischen Konflikt und höherer Ausprägung der Symptome führt. Daher wurde diese Bedingung als Letzte erhoben.

Tabelle 3.3 Reihenfolge der Versuchsbedingungen (OBS). (Quelle: Eigene Darstellung)

Identifikation	Kinetoseanfälligkeit	Fahrt 0	Fahrt 1	Fahrt 2
x01xx	Hohe Empfindlichkeit	Manuelle Fahrt	A – Außensicht	B – Video
x02xx	Niedrige Empfindlichkeit	Manuelle Fahrt	A – Außensicht	B – Video

Als Aufwandsentschädigung wurde eine Vergütung von 20 € je Versuchsfahrt sowie 20 € bei Teilnahme an allen Versuchsfahrten gezahlt. Unabhängig davon wurden Versuchsdurchläufe beim Erreichen der Stufe 7 auf der 10-stufigen Skala für das Symptom Übelkeit abgebrochen, um die Teilnehmenden zu schützen. Der Versuch wurde durch Fachabteilungen der Volkswagen AG bewertet und freigegeben, wobei medizinische, arbeitsergonomische und sicherheitstechnische Aspekte berücksichtigt wurden. Die Planung und Durchführung des Vorhabens erfolgten nach den Richtlinien der Erklärung von Helsinki (World Medical Association, 2001) zur ethisch korrekten Versuchsdurchführung mit Menschen.

3.3.1.3 Stichprobe

Für die Durchführung der Fahrversuche wurde in Kooperation mit der Technischen Universität Chemnitz, der Brandenburgischen Technischen Universität Cottbus-Senftenberg und der DEKRA Automobil GmbH eine Pressemitteilung mit einem Aufruf zur Teilnahme veröffentlicht (EZM Anhang H). Der Aufruf beinhaltete einen Internet-Link zu einem Fragebogen (EZM Anhang I). Es wurden 491 vollständige Fragebögen digital eingereicht. Personen mit gesundheitlichem Risiko und ohne Führerschein wurden ausgeschlossen. Im nächsten Schritt wurden die Befragten nach ihrer Kinetoseempfindlichkeit in zwei Gruppen eingeteilt. Basierend auf den Ergebnissen zu Forschungsfrage 1 (Abschnitt 3.2.3) wurden die Antworten auf die Eingangsfrage: „Wie häufig leiden Sie selbst während einer Autofahrt unter Reisekrankheit?", die fünf Antwortstufen vorgab (nie, selten, gelegentlich, häufig, fast immer), sowie der MSSQ-Short-Wert zur Auswahl genutzt. Die Gruppe mit niedriger Kinetoseempfindlichkeit wurde durch die Personen gebildet, die angaben, nie an Kinetose zu leiden und niedrige MSSQ-Short-Werte aufwiesen. Entsprechend wurden Personen mit höheren MSSQ-Short-Werten, die nach eigener Aussage zumindest selten Kinetose erleben, der Gruppe mit hoher Empfindlichkeit zugeordnet. Für die Teilnahme an den Versuchen im Zeitraum vom 24.02.2016 bis 23.03.2016 wurden insgesamt 62 Personen gewonnen. Basierend auf den Erkenntnissen von FF1 wurde eine homogene Geschlechter- und Altersverteilung zwischen den Gruppen angestrebt. Die Stichprobenausprägung ist nach Personenanzahl oder Merkmalsbandbreite Minimum–Mittelwert–Maximum (Standardabweichung) in Tabelle 3.4 dargestellt.

Tabelle 3.4 Stichprobenbeschreibung (OBS). (Quelle: Eigene Darstellung)

Kategorie/Merkmal	Gesamt	Niedrige Kinetoseempfindlichkeit	Hohe Kinetoseempfindlichkeit
Anzahl [-]	62	32	30
Alter [Jahren]	18–33,8–68 (13,2)	18–36,7–68 (15,8)	19–30,6–54 (10,7)
Geschlecht [-]	31 M/31 W	16 M/16 W	15 M/15 W
MSSQ-Short-Wert [-]	0–11,5–41,6 (11,8)	0–2,8–21 (5,3)	7,3–20,4–41,6 (9,8)
Kinetosehäufigkeit [Anzahl]	– nie 32	– nie 32	–
	– selten 21	–	– selten 21
	– gelegentlich 5	–	– gelegentlich 5
	– häufig 3	–	– häufig 3
	– fast immer 1	–	– fast immer 1

3.3.1.4 Dynamische Stimulation im Stop-and-Go

Auf einer autobahnähnlichen, dreispurigen Teststrecke wurde ein vorgegebenes Fahrprofil im Konvoi abgefahren. Hierzu wurden zwei Pkw der Marke Volkswagen, Modell Passat B8, genutzt. Das vorausfahrende Fahrzeug (FZG-1) diente als Vorgabe einer längsdynamischen Fahrtrajektorie und als optische Referenz für die Teilnehmenden. Die Beschleunigung erfolgte computergesteuert mithilfe einer automatisierten Fahrzeuglängsregelung. Ein Sicherheitsfahrer in FZG-1 aktivierte und überwachte diese Funktion, ohne manuell in den Verlauf einzugreifen. Das hintere Fahrzeug (FZG-2) war mit der Funktion eines ACC ausgestattet. Durch Aktivierung dieser Funktion wurde eine Folgefahrt auf Basis des vorausfahrenden Fahrzeugs erzeugt. Mit diesem Versuchsaufbau kann gewährleistet werden, dass die Fahrdynamik über die verschiedenen Versuchsbedingungen und Wiederholungen hinweg reproduzierbar bleibt. Ein Sicherheitsfahrer an der Fahrerposition von FZG-2 überwachte die Fahrt und aktivierte die ACC-Funktion. Die Hände des Sicherheitsfahrers befanden sich am Lenkrad, wobei aufgrund des geraden Streckenverlaufs keine Lenkbewegungen durchgeführt wurden. Als Parameter des ACC-Reglers wurde der serienmäßig verfügbare Modus sportlich sowie der geringste Abstand gewählt, um die kinetosekritischste Anregung im Rahmen der heutigen Fahrzeugauslegung als Referenz zu erzeugen. Die dynamische Stimulation der Testperson erfolgte aufgrund der Beschleunigung und Verzögerung in Längsrichtung von FZG-2. Das Fahrprofil, das diese Stimulation verursachte, wurde aus realen Fahrzeugmessungen erzeugt und bildete den Bewegungsablauf jedes Versuchsdurchlaufs ab. Der Ursprung waren Messfahrten auf den deutschen Autobahnen A2 und A39. Dies gewährleistet eine realistische Stop-and-Go-Situation für die Untersuchung, wobei die Repräsentanz nicht bewertet werden kann. Das 11-minütige Fahrprofil besteht aus vier Abschnitten (Abbildung 3.9). Die Abschnitte 1 und 3 (Profiltyp A) sowie 2 und 4 (Profiltyp B) sind jeweils identisch und repräsentieren entsprechend eine ruhige und eine dynamische Anregung. Die Unterscheidung der Anregungsintensitäten erfolgte anhand der in Tabelle 3.5 aufgelisteten Kennwerte. Die Variation der Profiltypen hat das Ziel, den Einfluss der Beschleunigungsintensität auf die Kinetoseausprägung sowie die Kopf- und Augenbewegungen zu analysieren.

Die Darstellung der Profiltypen in Abhängigkeit von der Frequenz (EZM Anhang J: Abbildung 50) zeigt eine stärkere Ausprägung im Frequenzbereich von $f = 0,113$ bis $f = 0,116$ Hz für Profiltyp B. Zusätzlich tritt eine circa drei- bis vierfach höhere Beschleunigung im Profiltyp B auf. Der Kennwert Motion Sickness Dose Value (Formel 2.2) ist in Tabelle 3.5 als Vergleichsgröße zur Unterscheidung der Profile hinsichtlich der Kinetosekritikalität angegeben. Zu

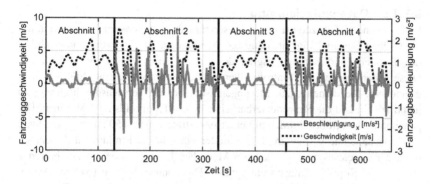

Abbildung 3.9 Beschleunigungs- und Geschwindigkeitsverlauf der Versuchsfahrt. (Quelle: Eigene Darstellung)

berücksichtigen ist, dass neben der Amplitude auch die Dauer der Stimulation diesen Kennwert beeinflusst und hier Unterschiede bestehen.

Tabelle 3.5 Vergleich der Profiltypen A und B. (Quelle: Eigene Darstellung)

Parameter	Profiltyp A	Profiltyp B	A-B-A-B
Kategorie [-]	Niedrige Anregung	Hohe Anregung	
Abschnitte [-]	1; 3	2; 4	1; 2; 3; 4
Dauer [s]	131	197	656
Mittlere Geschwindigkeit [m/s]	3,55	3,09	3,32
Maximale Geschwindigkeit [m/s]	6,71	8,43	Siehe links
Maximal negative Beschleunigung [m/s²]	– 0,72	– 2,28	Siehe links
Maximale positive Beschleunigung [m/s²]	0,53	2,19	Siehe links
1. Extrema Frequenz [Hz]	0,054–0,082	0,0734	Siehe links
2. Extrema Frequenz [Hz]	–	0,113–0,116	Siehe links
1. Extrema Amplitude [(m/s²)²/Hz]	0,037–0,04	0,07	Siehe links
2. Extrema Amplitude [(m/s²)²/Hz]	–	0,05	Siehe links
MSDV (ungewichtet) [m/s$^{1.5}$]	2,4	8,6	12,8
MSDV (wf) [m/s$^{1.5}$]	0,7	4,7	6,6

3.3.1.5 Datenaufzeichnung

Das verwendete Fahrzeug (FZG-2) ist serienmäßig mit Sensorik ausgestattet, um die Größen Geschwindigkeit, Längsbeschleunigung, Abstand zum vorausfahrenden Fahrzeug und Betätigungsgrad des Brems- sowie Gaspedals zu erfassen. Diese Daten wurden als Kontrollgrößen während der Versuchsdurchführung aufgezeichnet. Sie dienen dazu, Störungen während der Versuchsdurchführung zu identifizieren und die Reproduzierbarkeitsgüte des Fahrprofils zu bestimmen. Die genannten Messgrößen wurden mit einer Abtastrate von $f = 50$ Hz aufgezeichnet.

Da visuelle und vestibuläre Stimulationen einen hohen Einfluss auf die Entstehung der Kinetosesymptomatik beim Menschen haben, wurde ein kombiniertes Augen- und Kopf-Trackingsystem genutzt. Das benutze System EyeSeeCam der Firma EyeSeeTec GmbH ist ein kopfgetragenes System, das auf Basis von Inertialsensorik Beschleunigungen und Winkelgeschwindigkeiten in jeweils drei orthogonalen Raumrichtungen misst (Schneider et al., 2009, S. 462). Zusätzlich ist das System mit zwei Infrarotkameras und entsprechender Beleuchtung zur Erfassung der Augenpositionen ausgestattet. Alle Signale wurden mit einer Abtastrate von $f = 220$ Hz erfasst. Während der Versuchsfahrt wurden die Teilnehmenden über ein weiteres Kamerasystem ($f = 25$ Hz), das sich im Bereich der Windschutzscheibenwurzel befand, aufgezeichnet. Es diente zur stichprobenhaften Überprüfung der Versuchsfahrten.

Um die Kinetoseausprägung zu erheben, wurde eine kontinuierliche verbale Befragung der Teilnehmenden durchgeführt (Tabelle 2.5). Auf Basis von Forschungsfrage 1 wurden die Symptome Übelkeit, Schwindel und Kopfschmerz jeweils auf Skalen von 0 (keine Ausprägung) bis 10 (maximale Ausprägung) minütlich erfasst. Die Abfrage von drei Symptomen auf unabhängigen Skalen orientiert sich an der von Atsumi et al. (2002, S. 345) genutzten Methode. Im Fahrzeug befand sich hierfür die Versuchsleitung, die mithilfe eines Tablet-PCs (unabhängig von der Versuchsbedingung B – Video) in einem Takt von 60 Sekunden zur Symptombewertung aufforderte. Die Bewertung wurde unter Berücksichtigung des Eingabezeitstempels im Tablet-PC abgespeichert. Zum Zeitpunkt 0 Sekunden wird der Zustand vor Beginn der Fahrt als Referenzwert erfragt. Das 60-Sekunden-Intervall sowie das automatisierte Fahrprofil wurden direkt im Anschluss gestartet.

Alle Signale, mit Ausnahme der im Tablet-PC erfassten Kinetoseausprägungen, wurden auf einer zentralen Speichereinheit unter Beachtung des Eingangszeitstempels gespeichert. Die lokal auf dem Tablet-PC gespeicherten Dateien wurden nachträglich dem Datensatz der Versuchsfahrt zugeordnet und integriert.

Die Richtigkeit der beantworteten Fragen zum Video (siehe 3.3.1.1 Versuchsbedingungen) wurde schriftlich im Probandenprotokoll erfasst und anschließend
ebenfalls den digitalen Messdaten hinzugefügt.

3.3.1.6 Datenverarbeitung

Die Symptome Übelkeit, Schwindel und Kopfschmerzen der jeweiligen Versuchsfahrt wurden im Falle von bereits bestehenden Symptomen zum Zeitpunkt Null
Sekunden nach Formel 3.1 um diesen Referenzwert reduziert. Kamen hierbei
negative Ergebnisse zustande, wurden sie durch den Wert null ersetzt. Diese
Methode gewährleistet, dass nur die Veränderungen der Symptome während
der dynamischen Stimulation in der Auswertung berücksichtigt werden. Zur
Zusammenfassung der Symptomausprägung wird die resultierende **Kinetoseausprägung [-]** als Summe der drei Symptomausprägungen [-] gebildet (Formel
3.1).

$$Symptom(t_{1-11}) = Symptom_{Fahrt}(t_{1-11}) - Symptom_{Referenz}(t_0),$$

$$min(Symptom(t_i)) = 0$$

Formel 3.1 Berechnung der Symptomausprägung

$$Kinetoseauspr\ddot{a}gung = Symptom_{\ddot{U}belkeit} + Symptom_{Schwindel} +$$

$$Symptom_{Kopfschmerzen}$$

Formel 3.2 Berechnung der Kinetoseausprägung

Das Messsystem der EyeSeeCam zeigte sporadische Fehler (kürzer als eine
Sekunde), die zu einem Artefakt mit einem konstanten Wert von $a = 3,5$ m/
s^2 für die Kopfbeschleunigungen führten. Diese Artefakte wurden ermittelt und
anhand einer linearen Approximation auf Basis der umliegenden Werte ersetzt.
Prinzipbedingt ist die Einordnung des Koordinatensystems der EyeSeeCam an die
Anbringung am Kopf der Teilnehmenden gekoppelt. Dies führt zu Abweichungen der Koordinatenachsausrichtung gegenüber dem Referenzkoordinatensystem
des Fahrzeugs (Abschnitt 2.2.2). Zur besseren Vergleichbarkeit zwischen den Versuchsfahrten wurde eine Koordinatentransformation durchgeführt. Hierfür wurde
die Ausrichtung des Kopfes beziehungsweise des Messsystems vor Beginn der
Stop-and-Go-Fahrt aufgezeichnet. Die Teilnehmenden schauten während dieser
Zeit von circa zwei Minuten horizontal durch die Frontscheibe aus dem Fahrzeug. Anhand der Beschleunigungen, die sowohl die Gravitationskomponente als
auch die dynamische Komponente abbilden, wurde der entsprechende Faktor zur

Transformation errechnet und auf die Beschleunigungsdaten während der Versuchsfahrt angewandt. Zur Bestimmung der **Kopforientierung** [°] wurde der Anteil der Gravitationsbeschleunigung auf der x-Achse (rostral, orthogonal zur Frontalebene) herangezogen. Die Rohdaten der Kopfwinkelgeschwindigkeit in Radiant pro Sekunde [rad/s] wurden zum besseren Verständnis in Grad pro Sekunde [°/s] umgerechnet. Während des erwähnten sporadischen Fehlers des Systems tritt für die Winkelgeschwindigkeit ebenfalls ein Artefakt mit einem konstanten Wert von $\omega = 674{,}1°/s$ auf, der auch durch eine lineare Approximation auf Basis der umliegenden Werte ersetzt wurde. Durch die länger andauernde Aufzeichnung (11 Minuten) kann es zu einer starken Erwärmung der Messsensorik kommen. Damit einher geht eine kontinuierliche Verschiebung der Messwerte, die als Drift oder Bias bezeichnet wird. Es wird angenommen, dass die Winkelgeschwindigkeit des Kopfes während einer Standphase des Fahrzeugs $v_{FZG} = 0$ m/s ebenfalls $\omega_{x,y,z} = 0°/s$ betragen muss, da der Kopf in Ruhe ist. Auf dieser Grundlage wird die Versuchsfahrt in Abschnitte zwischen jeweils zwei Standphasen unterteilt, um eine Korrektur der Kopfwinkelgeschwindigkeiten vorzunehmen. Über eine Approximation wird der lineare Trend der Messwerte in jedem Abschnitt ermittelt und als Funktion der Zeit vom Signal abgezogen. Hinsichtlich der sensorischen Konflikttheorie stellen die Bewegungen des Kopfes den vestibulären Anteil dar. In der untersuchten Situation kommt es zu einem Nickverhalten des Kopfes beim Anfahren und Verzögern. Zur Auswertung dieser sensorischen Größe, der Stimulation der Bogengänge des Vestibularorgans, wird die Kopfwinkelgeschwindigkeit genutzt. Aufgrund des pendelnden Verhaltens des Kopfes wird die **Kopfwinkelgeschwindigkeit (SD)** [°/s] um die Y-Achse (orthogonal zur Sagittalebene), als minütliche Standardabweichung, zur Analyse verwendet. Die Auswertung der Kopfwinkelgeschwindigkeit umfasst zusätzlich eine Detailanalyse auf Basis der gefilterten Messwerte mit einer Datenrate von $f = 50$ Hz in einem ausgewählten Zeitbereich. Die hierfür entwickelte Methode zur schwellenwertbasierten Kategorisierung der Fahrten wird in Anhang K im elektronischen Zusatzmaterial vorgestellt.

Die Messgröße zur Beschreibung der Augenbewegung ist die horizontale und vertikale Augenposition in Radiant [rad] als Vektor zu einem initialen Referenzpunkt. Es erfolgt eine Umrechnung in Grad [°]. Für jedes Auge werden Ausreißer (zum Beispiel Fehldetektionen) durch NaN (Not a Number) ersetzt und es erfolgt eine Zentrierung der mittleren Position auf 0°. Diese Fehldetektionen treten durch Blinzeln oder Fehler in der Objektdetektion durch zum Beispiel Make-up auf. Die Zentrierung ist notwendig, da sich die Ausrichtungen der jeweiligen Augenkameras aufgrund der manuellen Einstellung unterscheiden. Anschließend wird ein zweidimensionaler Vektor eines resultierenden Auges als Mittelwert der Vektoren des linken und rechten Auges errechnet und für die weitere Auswertung genutzt.

Die detaillierte Unterscheidung der Augenbewegungsarten erfolgte anhand der Berechnung von Augenbewegungsgeschwindigkeit und -beschleunigung. Auf Basis der mit $f = 220$ Hz aufgezeichneten Augenpositionen wurden durch lineare Interpolation fehlende Messdaten für die folgenden Berechnungen ersetzt. Es folgte eine Filterung der Signale durch einen symmetrischen Gauß'schen Tiefpassfilter mit einer Grenzfrequenz von $f = 55$ Hz (Übertragungsverstärkung von 0,1 bei 77 Hz). Abschließend wurde die Augengeschwindigkeit mittels numerischer Dreipunkt-Differenziation berechnet.

Die Analyse der Augenbewegungen bezieht sich auf die langsamen Bewegungsarten wie Blickfolgebewegung (Smooth Pursuit), VOR und Fixationen. Die aufgenommenen Positionsdaten der Augen sind aber zusätzlich die Folge der schnellen Bewegungsarten (Sakkaden). Zur Analyse der langsamen Bewegungen werden vorerst die schnellen Bewegungen identifiziert und entfernt. Hierfür wird der nachfolgend beschriebene Prozess auf den zweidimensionalen Vektor der Augengeschwindigkeit (horizontal und vertikal) angewendet. Er dient zur Klassifizierung der Bewegungstypen als Sakkade und langsame Augenbewegung (Slow-Phase Velocity, SPV). Der als SPV-Vektor bezeichnete Anteil der langsamen Augenbewegungen wird iterativ berechnet (Ladda et al., 2007). Für den ersten Durchlauf wird ein Eingangsvektor aus einem mediangefilterten Vektor (Fensterbreite: 44 Werte) auf Basis der Originalgeschwindigkeiten erzeugt (Fiore et al., 1996; Straumann, 1991). In jeder Schleife dieses Prozesses wird die Differenz zwischen dem SPV-Vektor und dem Eingangsvektor berechnet. Dieser Differenzvektor entspricht einer nichtlinearen Hochpassfilterung und beschreibt die schnellen Augenbewegungen. Die Erkennung von Sakkaden erfolgt, sobald der Differenzvektor den Schwellenwert für die Augengeschwindigkeit überschreitet. In drei Iterationsschleifen wird der Schwellenwert angepasst (1. $\omega = 100°/s$, 2. $\omega = 40°/s$, 3. $\omega = 40°/s$), um auch langsamere Sakkaden zu identifizieren. Anschließend werden vor und nach der maximalen Augengeschwindigkeit die Grenzen der jeweiligen Sakkade gesucht. Das geschieht entweder sobald der Vektor der schnellen Augengeschwindigkeiten $\omega = 0°/s$ beträgt oder die Richtung der Bewegung sich um mehr als $\varphi = 90°$ von der Richtung zum Zeitpunkt der maximalen Geschwindigkeit unterscheidet. Abschließend wird der aus den drei Iterationen entstandene SPV-Vektor durch lineare Interpolation berechnet. Der resultierende Vektor wird mit einem Gauß'schen Tiefpassfilter mit den Grenzfrequenzen 1. $f = 5$ Hz, 2. $f = 15$ Hz und 3. $f = 45$ Hz geglättet (Übertragungsverstärkungen von 0,1 bei: 1. $f = 8$ Hz, 2. $f = 24$ Hz, 3. $f = 65$ Hz). Die zur Berechnung interpolierten und in der Messung fehlenden Daten werden wieder entfernt. Aufgrund dieser Berechnung werden alle Arten von langsamen Bewegungen wie Blickfolgebewegung (Smooth Pursuit), VOR und Fixationen einer Gruppe mit der Bezeichnung Fixationen zugeordnet. Es erfolgt ausschließlich die Analyse dieser fixationsähnlichen Augenbewegungen. Zur Auswertung wird für jede Fixation die Dauer ermittelt. Hiervon werden Fixationen mit einer Länge von über 5 s entfernt. Zusätzlich wurden Messfahrten mit weniger als 50 Fixationen oder einer kumulierten Fixationsdauer von weniger als 200 s entfernt. Für die Analyse der Fixationsdauerhäufigkeiten je Fahrt werden nur Fixationen unter 1 s berücksichtigt. Aufgrund der passiven Bewegungsanregung der Augen durch die Fahrzeugbewegungen sind häufige Augenbewegungen zu erwarten. Zur Beschreibung der Intention, einem Objekt optisch zu folgen, während das Objekt unter Bewegung ist, wird zusätzlich die durchschnittliche Fixationsgeschwindigkeit jeder Fixationsphase berechnet. Das ist möglich, da die Augenfixationsgeschwindigkeit einer Blickfolgebewegung (Smooth Pursuit) oder des vestibulookulären Reflexes größer als $\omega = 0°/s$ ist.

Für die kontinuierlichen Messdaten wird über einen Bereich von je 60 Sekunden ohne Überschneidung das arithmetische Mittel gebildet. Für die Augenbewegungen werden alle Fixationen in einem Bereich von 60 Sekunden zusammengefasst. Aufgrund von gelegentlich auftretenden sehr langen Fixationen ($t > 1$ s) wird für die Auswertung der **Augenfixationsdauer [s]** je Minute der Median gewählt. Für die Auswertung der **Augenfixationsgeschwindigkeit [°/s]** dient das arithmetische Mittel aller Fixationen in einem Intervall. Hinsichtlich der Fahrzeugdaten (Geschwindigkeit, Beschleunigung), die über den Fahrzeug-CAN-BUS zur Verfügung gestellt wurden, war außer der Reduzierung der Abtastrate von $f = 50$ Hz auf $f = 1$ min^{-1} keine Verarbeitung notwendig.

Die statistische Betrachtung erfolgte anhand multipler Regressionsmodelle auf Basis der unabhängigen Variablen **Bedingung, Empfindlichkeit, Stimulation** und **Zeit** für die zuvor beschriebenen abhängigen Variablen (Messgrößen) **Kinetoseausprägung, Kopforientierung, Kopfwinkelgeschwindigkeit (SD), Augenfixationsdauer** und **Augenfixationsgeschwindigkeit**. Wenn anhand der Regressionsmodelle relevante Einflüsse einer der abhängigen Variablen identifiziert wurden, erfolgte anschließend ein Vergleich der Faktorstufen. Die Analyse und Darstellung der Daten erfolgten nach den in Abschnitt 3.2.1.3 Datenverarbeitung der Befragungsstudie beschriebenen Ansätzen. In Ergänzung werden die folgenden Methoden verwendet. Für die Überprüfung der Unterschiede abhängiger Stichproben erfolgte eine Berechnung mithilfe des Rangsummentestes nach Wilcoxon (Leonhart, 2009, S. 221). Für die Untersuchung der kontinuierlichen Kennwerte in den Versuchsfahrten wird die Methode der gemischten linearen Regressionsmodelle angewandt. Die Kennzeichnung der Fahrprofilphasen in den Darstellungen mit zeitlicher Veränderung erfolgt durch graue Rechtecke, die den Profiltyp B markieren. Die Angabe der Anzahl der für die Berechnung oder Darstellung genutzten anteiligen Datenpunkte erfolgt mit klein „n". Die Analyse erfolgt mithilfe der Software R (R Core Team, 2020), RStudio (RStudio Team, 2018) und Matlab (MATLAB, 2016).

3.3.2 Ergebnisse

Im Folgenden werden die Ergebnisse aus 184 Versuchsfahrten mit 62 Personen vorgestellt. Hierzu werden die Veränderungen der Fahrzeugbewegung, Kinetosesymptome sowie Kopf- und Augenparameter herangezogen.

3.3.2.1 Fahrzeugbewegung
Die Fahrzeugbewegung in Form der Standardabweichung der Längsbeschleunigung [m/s^2] zeigt keine signifikanten Unterschiede zwischen den Bedingungen. Es können daher Abweichungen in der Fahrzeugdynamik als Einflussfaktor ausgeschlossen werden. Das Regressionsmodell für die Längsbeschleunigung (SD) (EZM Anhang L: Modell 1) zeigt einen signifikanten Einfluss der Stimulationsphasen (Profiltyp A und B). Diese Eigenschaft der Fahrzeugbewegung entspricht der Vorgabe und erlaubt weitere Datenanalyse.

3.3.2.2 Kinetosesymptome
Die Erfassung der Kinetosesymptome direkt vor Beginn der Fahrt ergibt vereinzelt Ausprägungen größer null (Tabelle 3.6), die als Referenz zur Berechnung der Symptomverläufe genutzt werden (Formel 3.1).

Tabelle 3.6 Häufigkeiten der Kinetosesymptomausprägungen vor Versuchsbeginn (OBS). (Quelle: Eigene Darstellung)

Symptomausprägung [-]	Symptom$_{Referenz}$ (t = 0 min)				
	0	1	2	3–10	Fehlend
Übelkeit [Anzahl]	118	4	0	0	2
Schwindel [Anzahl]	117	5	0	0	2
Kopfschmerzen [Anzahl]	115	5	2	0	2

Für zwei Versuchsfahrten sind aufgrund von technischen Problemen keine Daten zur Symptomausprägung vorhanden (als „Fehlend" gekennzeichnet). Bei einer Versuchsfahrt wurde in der zehnten Minute das Abbruchkriterium erreicht, da der Teilnehmende beim Symptom Übelkeit Stufe 7 erreichte. Aufgrund dieses späten Abbruchs der Versuchsfahrt wird ausschließlich die Aufzeichnung für die letzte Minute entfernt. Die minutenbasierte Analyse der Versuchsfahrten erlaubt dieses Vorgehen, ohne eine Verzerrung der Ergebnisse zu erzeugen. Die Symptomausprägungen werden genutzt, um den Einfluss der visuellen Wahrnehmung zu bewerten. Die zusätzliche Analyse der Kinetoseempfindlichkeit erlaubt die Validierung der subjektiven Selbsteinschätzung. Die Kinetoseausprägung in Abbildung 3.10 zeigt eine zeitliche Abhängigkeit. Der kontinuierliche Anstieg der Ausprägung ist besonders für die Empfindlichkeitsgruppe „Hoch" markant. Im Vergleich zeigt sich unter Bedingung B – Video in dieser Empfindlichkeitsgruppe der höchste Anstieg.

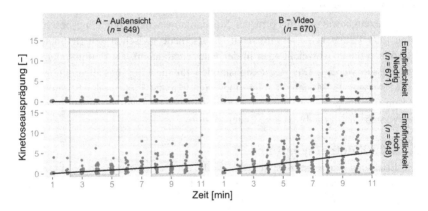

Abbildung 3.10 Verlauf der Kinetoseausprägung über Bedingung (OBS) und Empfindlichkeit. (Quelle: Eigene Darstellung)

Zur statistischen Analyse wird ein gemischtes lineares Regressionsmodel optimiert (EZM Anhang L: Modell 2). Aufgrund der zeitlichen Abhängigkeit und der einheitlichen Startbedingung einer Kinetoseausprägung von null werden als feste Prädiktoren die Zeit und jeweils die Interaktion zwischen der Empfindlichkeitsgruppe/der Bedingung und der Zeit betrachtet. Als zufällige Effektgrößen werden Zeit, Bedingung und Proband berücksichtigt (Formel 3.3). Die Referenz bilden die Kategorien A – Außensicht sowie die hohe Empfindlichkeitsgruppe.

$$Kinetoseausprägung \sim 0 + Zeit + Zeit : Empfindlichkeit+$$
$$Zeit : Bedingung + (Zeit|Bedingung : Proband)$$

Formel 3.3 Vereinfachte Modellgleichung der Kinetoseausprägung

Der Anteil der erklärten Varianz im Regressionsmodell ist mit $R^2 = 0{,}91$ hoch. Der Anteil der erklärten Varianz mit den festen Prädiktoren beträgt $R^2 = 0{,}32$. Der Effekt der Zeit pro Minute für die Referenzbedingung ist positiv, klein sowie signifikant ($\beta = 0.26$, 95 % CI [0.18, 0.33], *std.* $\beta = 0.28$, $p <.001$). Die Änderung durch den Interaktionseffekt aus Zeit und Bedingung B – Video ist positiv, gering sowie signifikant ($\beta = 0.14$, 95 % CI [0.05, 0.23], *std.* $\beta = -0.02$, $p = .003$). Die Änderung durch den Interaktionseffekt aus Zeit und Empfindlichkeit für die Gruppe Niedrig ist negativ, gering sowie signifikant ($\beta = -0.30$, 95 % CI [–0.39, –0.21], *std.* $\beta = -0.06$, $p <.001$). Die Ergebnisse des signifikanten Einflusses der Versuchsbedingung und Empfindlichkeit auf die zeitliche Entwicklung der Kinetoseausprägung bildet die Grundlage der weiteren Analyse. Die Mittelwerte der Symptomausprägungen auf der Skala von 0 bis 10 [-] liegen in B – Video um $\Delta 0{,}39$ [-] (Übelkeit-Ü), $\Delta 0{,}40$ [-] (Schwindel-S) und $\Delta 0{,}17$ [-] (Kopfschmerzen-K) über Bedingung A – Außensicht (EZM Anhang L: Tabelle 29). Für alle drei Symptome zeigen mindestens 50 % der Personen keine Symptomreaktion (Ü: 31/59, S: 35/59, K: 38/59). Der erhöhte Anteil an Personen ohne Symptomreaktionen ist eine Ursache für die geringe Höhe der Symptommittelwerte (Ü: 0.39 [-] (*SD* = 1.05), S: 0.46 [-] (*SD* = 1.06), K: 0.23 [-] (*SD* = 0.66)). Demgegenüber treten in A – Außensicht Maximalwerte von 3 [-] bis 4 [-] sowie in Bedingung B – Video von 5 [-] bis 7 [-] auf.

Für die gesamtheitliche Betrachtung der einzelnen Messgrößen werden sie jeweils über die Versuchsfahrt gemittelt. Für den Kennwert der Kinetoseausprägung sind die Ergebnisse in Abbildung 3.11 dargestellt. Die gemittelte Kinetoseausprägung zwischen der Bedingung B – Video (Median 0,273 [-]) und A – Außensicht (Median 0 [-]) zeigt einen signifikanten Unterschied (Vorzeichentest: $z = -5.3$, $p <.001$, $n = 118$). Die Effektstärke liegt bei $r = 0{,}49$. 25 Personen gaben zu keinem Zeitpunkt der minütlichen Befragung an, Symptome zu verspüren. Hiervon gehören 22 Personen der Gruppe mit niedriger Kinetoseempfindlichkeit an. Dies entspricht 73 % (22/30). Hingegen gaben 90 % (26/29) der Personen aus der empfindlichen Gruppe (hoch) an, im Verlauf der Fahrt Symptome größer 0 [-] zu empfinden. Entsprechend fällt die gemittelte

Kinetoseausprägung (Median 1,36 [-]) für die Gruppe mit hoher Empfindlichkeit für Kinetose signifikant höher aus als für die niedrige Gruppe (Median 0 [-]) (Mann-Whitney-U-Test: $U = 511.5$, $p < .001$, $n_1 = 59$, $n_2 = 61$). Die Effektstärke liegt bei $r = 0,62$ und entspricht einem starken Effekt.

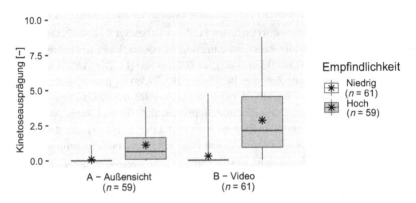

Abbildung 3.11 Kinetoseausprägung über Bedingung (OBS) und Empfindlichkeit. (Quelle: Eigene Darstellung. Anmerkung: Der jeweils linke Box-Plot je Bedingung stellt die Gruppe Niedrig dar)

In Abbildung 3.12 ist die Veränderung der Symptomausprägung über die Versuchsdauer von 11 Minuten aufgetragen. Dargestellt ist jeweils der prozentuale Anteil der Teilnehmenden mit einer Symptomausprägung von $> = 1$ und $> = 3$. Die Verläufe für die Bedingungen A – Außensicht und B – Video ergeben sich aus den 29 empfindlich eingestuften Personen. Die Intensität der drei Symptome nimmt von Kopfschmerzen über Übelkeit bis Schwindel zu. Das Symptom Kopfschmerzen zeigt vorrangig einen konstant positiven Anstieg. Die Zunahme der Symptome Übelkeit und Schwindel verläuft variabler.

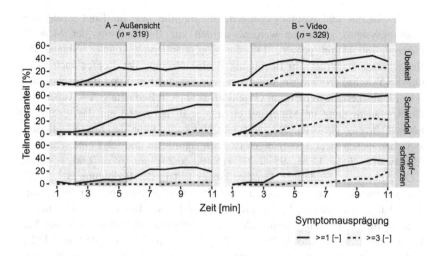

Abbildung 3.12 Verlauf der Symptome über Bedingung (OBS, hohe Empfindlichkeit). (Quelle: Eigene Darstellung)

3.3.2.3 Kopfkennwerte

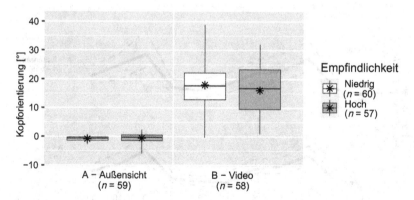

Abbildung 3.13 Kopforientierung über Bedingung (OBS) und Empfindlichkeit. (Quelle: Eigene Darstellung)

Die Augen- und Kopfbewegungen, die mithilfe des am Kopf getragenen Trackingsystems gemessen werden, werden zur Beschreibung der Mensch-Fahrzeug-Interaktion genutzt. Für die Kopforientierung konnte während der Betrachtung des Videos in Bedingung B eine Neigung des Kopfes nach unten um die Y-Achse (Nickachse, orthogonal zur Sagittalebene) von durchschnittlich $\varphi = 17°$ festgestellt werden. Im Gegensatz dazu ist in Bedingung A – Außensicht die Kopfausrichtung im Mittel mit circa $\varphi = 0°$ horizontal auf das vorausfahrende Fahrzeug gerichtet. Der genannte Unterschied für die Kopforientierung zwischen diesen zwei Bedingungen ist hoch signifikant und zeigt eine sehr hohe Effektstärke ($\beta = 17.81$, 95 % CI [15.40, 20.23], std. $\beta = 1.60$, $p < .001$, EZM Anhang L: Modell 3). Darüber hinaus tritt in der Bedingung B – Video eine erhöhte Streuung der Ausrichtung ($SD = 9,42°$) gegenüber der Bedingung A – Außensicht ($SD = 1,77°$) auf. Der signifikante Einfluss der Bedingung (Abbildung 3.13) bestätigt sich auch hinsichtlich der je Versuchsfahrt gemittelten Kopforientierung (Wilcoxon-Test: $z = -9.1$, $w = 33$, $p < .001$, $r = 0.86$, $n = 112$).

Eine weitere Veränderung tritt bei Betrachtung der Kopfwinkelgeschwindigkeit auf. Die vor- und zurückpendelnde Bewegung des Kopfes um die Y-Achse hat im Mittel eine Winkelgeschwindigkeit von $\omega = 0°/s$. Es wird daher der Kennwert der Standardabweichung der Kopfwinkelgeschwindigkeit analysiert. Dieser Wert zeigt zwei Veränderungen, die in Abbildung 3.14 im zeitlichen Verlauf gezeigt werden.

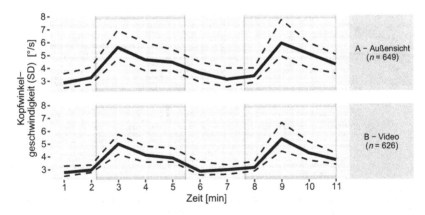

Abbildung 3.14 Verlauf der Kopfwinkelgeschwindigkeit (SD) über Bedingung (OBS). (Quelle: Eigene Darstellung. Anmerkung: Strichlinien ober- und unterhalb des Medianverlaufs stellen das 25 %- und 75 %-Quantil dar)

Die Kopfwinkelgeschwindigkeit (SD) zeigt einen signifikanten Unterschied von ω = 4,6°/s in A – Außensicht zu ω = 4,0°/s in B – Video (β = –0.57, 95 % CI [–1.07, –0.07], std. β = –0.30, p = .026, EZM Anhang L: Modell 4). Zusätzlich steigt der Kennwert unter beiden Versuchsbedingung in den hohen Stimulationsphasen (Profiltyp B) signifikant um ω = 1,49°/s an (β = 1.47, 95 % CI [1.35, 1.60], std. β = 0.76, p <.001). Der signifikante Einfluss der Versuchsbedingung auf die Standardabweichung der Kopfwinkelgeschwindigkeit bestätigt sich auch für die je Versuchsfahrt gemittelten Daten (Wilcoxon-Test: z = –3.3, w = 2013, p <.05, r = 0.32, n = 112, EZM Anhang L: Abbildung 54).

Die vorangegangene Datenanalyse mit einer Datenrate von einem Datenpunkt pro Minutezeigt, dass die Kopfwinkelgeschwindigkeit (SD) von der Versuchsbedingung und Stimulationsphase beeinflusst wird. Es erfolgte daher eine visuelle Analyse des zeitlichen Verlaufs des hochaufgelösten Rohsignals der Kopfwinkelgeschwindigkeit (50 Hz). Die Kopfwinkelgeschwindigkeit zeigt ein spezifisches Muster für die Bewegungsphase des Bremsens kurz vor dem Stillstand des

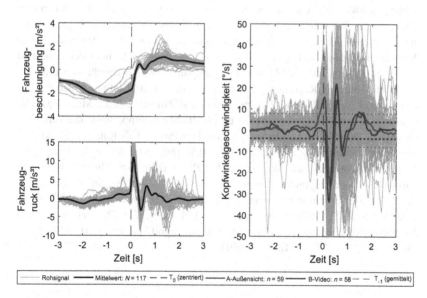

Abbildung 3.15 Vergleich der Kopfwinkelgeschwindigkeit und Pkw-Beschleunigung (OBS). (Quelle: Eigene Darstellung. Anmerkung: Horizontale gepunktete Linien im Graphen der Kopfwinkelgeschwindigkeit stellen die gemittelte einfache Standardabweichung (große Punkte) und die gemittelte zweifache Standardabweichung (kleine Punkte) der Kopfwinkelgeschwindigkeit dar)

Fahrzeugs. Dieses Muster ist mit einer ausschwingenden Pendelbewegung vergleichbar. Es treten teilweise Unterschiede zu Beginn der Bewegung auf. Die hierfür angewandte Methode zur systematischen Analyse dieses Bewegungsvorgangs ist in Anhang K im elektronischen Zusatzmaterial beschrieben. Hierbei werden die Zeitpunkte T_0 (Beginn eines lokalen Maximums im Fahrzeugruck) und T_{-1} (Unterschreitung der einfachen Standardabweichung der Kopfwinkelgeschwindigkeit vor T_0) extrahiert. Die Analyse der gemittelten zeitlichen Verläufe der Kopfwinkelgeschwindigkeit beider Versuchsbedingungen zeigt einen deutlichen Unterschied zum Zeitpunkt T_0 (Abbildung 3.15). Die Kopfwinkelgeschwindigkeit ist für die Bedingung A – Außensicht positiv ausgelenkt. Hingegen zeigt der Verlauf der Bedingung B – Video keine markante Ausprägung.

Die Auswertung der zeitlichen Differenzen zwischen T_{-1} und T_0 je Fahrt (EZM Anhang L: Tabelle 31) bestätigt den Unterschied zwischen den Versuchsbedingungen, wie anhand der Darstellung in Abbildung 3.16 zu erkennen. Unabhängig von der Empfindlichkeitsgruppe treten unter Bedingung B – Video nur wenige Differenzen größer null auf (8/61). Dies impliziert, dass die Kopfwinkelgeschwindigkeit unter dieser Bedingung zum Zeitpunkt T_0 größtenteils unterhalb des Schwellenwerts der zweifachen Standardabweichung liegt. Im Vergleich zeigten 50 von 59 Messungen unter Bedingung A – Außensicht eine Ausprägung größer null. Unter Bedingung A – Außensicht liegt der Zeitpunkt T_{-1} etwa 250 ms ($SD = 11$) vor dem Zeitpunkt T_0. Abschließend wurde ein gemischtes lineares Regressionsmodell optimiert, um die Einflussgrößen auf die Differenz zwischen T_0 und T_{-1} zu bewerten (EZM Anhang L: Modell 5). Die genutzten festen Prädiktoren sind die Empfindlichkeitsgruppe sowie die Versuchsbedingung. Das Modell beinhaltet den Prädiktor Proband als Random-Effekt. Der Anteil der erklärten Varianz ist mit $R^2 = 0{,}50$ hoch. Der Anteil der festen Prädiktoren an der erklärten Varianz beträgt $R^2 = 0{,}39$. Der Mittelwert für den Zustand niedrige Empfindlichkeit und Bedingung A – Außensicht beträgt 0,22 s. Der Effekt der Empfindlichkeitsgruppe Hoch ist klein sowie nicht signifikant ($\beta = 0.03$, 95 % CI [−0,01, 0,08], $std.\ \beta = 0.21$, $p = .171$). Der negative Effekt der Versuchsbedingung B – Video ist groß und signifikant ($\beta = -0.19$, 95 % CI [−0,23, −0,15], $std.\ \beta = -1.23$, $p < .001$).

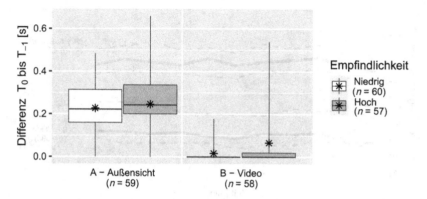

Abbildung 3.16 Zeitliche Differenz zwischen den T_0 und T_{-1} der Kopfwinkelgeschwindigkeit. (Quelle: Eigene Darstellung)

3.3.2.4 Augenkennwerte

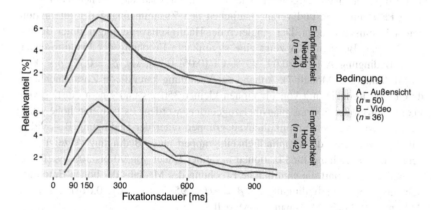

Abbildung 3.17 Verlauf der gemittelten Augenfixationsdauer je Fahrt (OBS). (Quelle: Eigene Darstellung. Anmerkung: Vertikale Linien repräsentieren den Median der Augenfixationsdauer)

Hinsichtlich der Augenfixationsdauer ergeben sich bemerkenswerte Erkenntnisse bei der nachgelagerten Analyse der Häufigkeitsverteilungen. In Abbildung 3.17 sind die Häufigkeitsverteilungen in Abhängigkeit von Bedingung

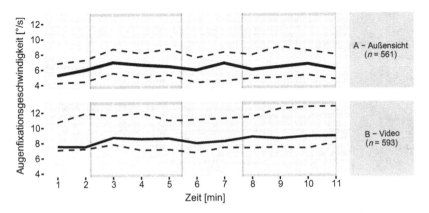

Abbildung 3.18 Verlauf der Augenfixationsgeschwindigkeit über Bedingung (OBS). (Quelle: Eigene Darstellung. Anmerkung: Strichlinien ober- und unterhalb des Medianverlaufs stellen das 25 %- und 75 %-Quantil dar)

und Empfindlichkeit dargestellt. Die vertikalen Linien entsprechen dem mittleren Fahrtenmedian und veranschaulichen den Zusammenhang der Interaktion beider Einflussparameter. Der Abgleich der Häufigkeitsverteilungen unter Bedingung B und Bedingung A zeigt eine signifikante Erhöhung der Fixationsdauer unter Bedingung A ($\beta = 0.09$, 95 % CI [0.05, 0.13], std. $\beta = 0.72$, p <.001) (EZM Anhang L: Modell 7). Anhand der Verteilung kann dieser Zusammenhang durch eine Reduzierung von Fixationen kleiner 350 ms und einem Anstieg von Fixationen größer 500 ms plausibel zugeordnet werden. Es tritt eine hohe Ähnlichkeit zwischen den Empfindlichkeitsgruppen unter der Bedingung B – Video auf. Der Vergleich der Empfindlichkeitsgruppen unter Bedingung A zeigt eine deutliche Abweichung für Fixationen mit einer Dauer von 90 bis 300 ms. Diese Verschiebung erklärt die signifikante Erhöhung des Medians der hohen Empfindlichkeitsgruppen in Bedingung A ($\beta = 0.08$, 95 % CI [0.01, 0.014], std. $\beta = 0.59$, $p = .021$) (EZM Anhang L: Modell 7).

Ähnliche Zusammenhänge ergeben sich auch durch die Analyse entsprechend der systematischen Betrachtung (3.3.1.6 Datenverarbeitung). Für die Analyse der Augenparameter werden in einer ersten Stufe die Mediane der Augenfixationen in einem 60-Sekunden-Intervall genutzt (EZM Anhang L: Abbildung 55). Bei Betrachtung der Bedingungen zeigt sich unter Bedingung B – Video eine signifikant geringere Dauer der Augenfixationen von 196 ms gegenüber 270 ms unter Bedingung A – Außensicht ($\beta = -0.07$, 95 % CI [-0.11, -0.04], std. $\beta = -0.71$,

p <.001) (EZM Anhang L: Modell 6). Die Unterscheidung nach Empfindlich-keitsgruppen zeigt keinen signifikanten Effekt ($\beta = 0.03$, 95 % CI [0.00, 0.07], *std.* $\beta = 0.32$, p = .070). Der signifikante Einfluss der Versuchsbedingung zeigt sich ebenfalls für die je Versuchsfahrt gemittelten Messwerte (Wilcoxon-Test: $z = -2.2$, $w = 1293$, p <.001, $r = 0.24$, $n = 84$). Die Darstellung der Fahr-tenmittelwerte (EZM Anhang L: Abbildung 56), unterteilt nach Bedingung und Empfindlichkeitsgruppe, lässt eine positive Abweichung der Fixationsdauer unter der Bedingung A – Außensicht für die Empfindlichkeitsgruppe Hoch erkennen. Die Betrachtung dieser Interaktion bestätigt einen mittleren signifikanten Effekt ($\beta = 0.05$, 95 % CI [0.00, 0.10], *std.* $\beta = 0.47$, $p = .039$) (EZM Anhang L: Modell 6).

Die Bewegungsgeschwindigkeit des Auges während einer Fixation ist im All-gemeinen die Folge von sich bewegenden Objekten oder der Bewegung des Kopfes (VOR). Der Unterschied der Versuchsbedingungen zeigt einen signifikan-ten Einfluss auf diesen Kennwert ($\beta = 1.66$, 95 % CI [0.74, 2.59], *std.* $\beta = 0.61$, p <.001) (EZM Anhang L: Abbildung 57, Modell 8). Es tritt ein Anstieg unter Bedingung B – Video auf, der einem invertierten Verhalten zur Veränderung der Kopfwinkelgeschwindigkeiten (SD) entspricht. Wie in Abbildung 3.18 dargestellt, ist ein leichter Anstieg der Augenfixationsgeschwindigkeit ($\omega = 0{,}50°/s$) in den Phasen der hohen Anregung (Profiltyp B) erkennbar (95 % CI [0.34, 0.67], *std.* β = 0.20, p <.001), der sich proportional zur Kopfwinkelgeschwindigkeit (SD) verhält. Hinsichtlich der je Versuchsfahrt gemittelten Werte (EZM Anhang L: Abbildung 58) tritt eine signifikante Steigerung in Bedingung B – Video auf (Wilcoxon-Test: $z = -5{,}9$, $w = 462$, p <.001, $r = 0.64$, $n = 84$).

3.3.3 Diskussion

Die Ergebnisse der Observationsstudie erlauben die Identifikation von Mustern der komplexen Mensch-Fahrzeug-Interaktion. Es konnte mit einer realitätsna-hen und longitudinalen Stimulation das Auftreten von Kinetose im Pkw für kinetoseempfindliche Personen erzeugt werden. Hinsichtlich Forschungsfrage 2 können die folgenden Beobachtungen gemacht werden: Während der Verkehrssi-tuation einer Stop-and-Go-Fahrt über elf Minuten führt die Fokussierung auf ein Video gegenüber dem Blick auf ein vorausfahrendes Fahrzeug zu einer Erhöhung der Symptome Übelkeit, Schwindel und Kopfschmerzen. Bei der Betrachtung des Videos ist die Kopfausrichtung geneigt sowie die Kopfbewegungsintensität reduziert. Parallel steigen unter dieser Bedingung die Augenfixationsgeschwin-digkeit und die Fixationsdauer sinkt. Diese Unterschiede in den vier für die menschliche Bewegungswahrnehmung relevanten Größen stellen zwei hochgradig verschiedene Kompositionen der sensorischen Verarbeitung in den Szenarien A – Außensicht und B – Video dar. Zur Einleitung in die Diskussion sind die Ergebnisse aus den vorherigen Abschnitten 3.3.2.2, 3.3.2.3 und 3.3.2.4 für die fünf Kenngrößen (abhängige Variablen) und die Untersuchungsvariablen (unabhängige Variablen) in Abbildung 3.19 zusammengefasst. Diese Darstellung basiert auf den Berechnungen der je Versuchsfahrt gemittelten Werte.

3.3.3.1 Kinetosesymptome

Die vorliegende Untersuchung zur Entstehung von Kinetosesymptomen im Pkw bestätigt die Untersuchungen von Probst et al. (1982, S. 412) und Vogel et al. (1982, S. 401), dass bereits eine ausschließlich longitudinale Anregung einen kritischen Stimulus darstellt. Der Anstieg der Symptomausprägung bei verringerter visueller Information (Bedingung B – Video) entspricht diesen und weiteren Erkenntnissen (Griffin & Newman, 2004b, S. 741; Kato & Kitazaki, 2006b, S. 468). Die Bedingung A – Außensicht orientierte sich an der durch Probst et al. (1982, S. 411) durchgeführten Bedingung „Augen auf (Sicht auf Straße)", wobei Informationen über den zukünftigen Bewegungsverlauf des Fahrzeugs ergänzt wurden. Das vorausfahrende Fahrzeug erhöht die Realitätsnähe der Untersuchung. Zusätzlich wurde die Fahrzeugbeschleunigung automatisch reguliert und damit die Reproduzierbarkeit gegenüber einer Fahrt mit geschultem Personal verbessert. Auch Bedingung B – Video ist im Vergleich zu bisher genutzten Bedingungen mit einer Straßenkarte ohne periphere Sichtinformation stärker an eine reale Tätigkeit von Nutzenden angelehnt. Aufgrund der unterschiedlichen Methoden zur Bestimmung der Kinetoseausprägung ist ein quantitativer Vergleich mit bisherigen Ergebnissen nicht sinnvoll. Darüber hinaus ist ein Vergleich der quantitativen Ergebnisse bei identischen Erhebungsmethoden zwischen zwei Studien mit verschiedenen Stimulationen und Probandenkollektiven auch aufgrund der starken individuellen Unterschiede in den Kollektiven nur für sehr große ($N > 100$) und damit repräsentative Stichproben plausibel und zielführend. Der signifikante Unterschied der Kinetoseausprägung zwischen den Sichtbedingungen bildet als Bestandteil der Mensch-Fahrzeug-Interaktion eine Antwort auf Forschungsfrage 2.

Die häufig durchgeführten, kontinuierlichen Erhebungen der Symptomausprägung (Isu et al., 2014, S. 91; Kuiper et al., 2018, S. 171) erlauben es, den in Abbildung 3.12 dargestellten Effekt der Anregungsintensität zu beurteilen. Im grafischen Verlauf sind neben einer Plateaubildung bei den Symptomen Übelkeit und Schwindel auch lokale Reduzierungen erkennbar. Dies ist besonders hinsichtlich der kurzen Expositionsdauer bemerkenswert und kann einen Indikator

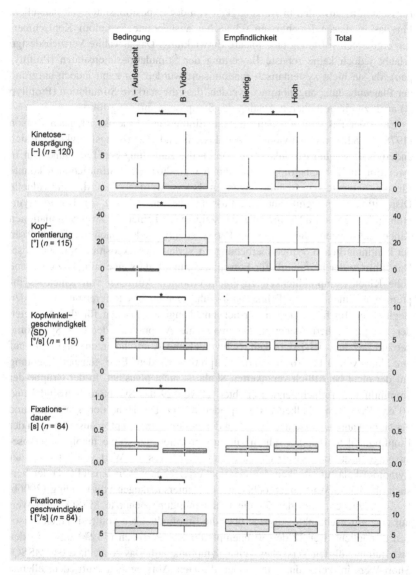

Abbildung 3.19 Ergebnisübersicht (Fahrtenmittelwerte) (OBS). (Quelle: Eigene Darstellung. Anmerkung: Die Elemente Punkt, horizontale Linie, vertikale Line kennzeichnen den Mittelwert, Median und den Datenbereich vom 0 %- bis 100 %-Perzentil in dieser Reihenfolge. Signifikante Unterschiede ($p < ,05$) sind mit einem Stern gekennzeichnet)

für Reaktionsschwellen in Abhängigkeit von der Expositionsintensität darstellen. Für das in diesen Ergebnissen schwächer ausgeprägte Symptom Kopfschmerzen ergibt sich vorrangig eine lineare Entwicklung. Das gewählte Versuchsdesign erlaubt jedoch keine robuste Bewertung der Stimulationsintensitäten (Profiltypen), da sie nicht systematisch randomisiert wurden. Es kann jedoch aufgrund der Plateaubildung angenommen werden, dass die stärkere Stimulation (Profiltyp B) auch zu einem höheren Anstieg der Symptomausprägung führt.

Einer der Faktoren mit dem größten Einfluss auf Kinetose ist, nach Reason (1978, S. 822), die individuelle Anfälligkeit und Anpassungsfähigkeit an sich ändernde Bewegungsstimulationen. Durch die Einteilung der Teilnehmenden in zwei Empfindlichkeitsgruppen und durch reproduzierbare Stimulationen konnte für die untersuchten Sichtbedingungen belegt werden, dass die individuelle Disposition einen signifikanten Einfluss auf die Entwicklung von Kinetosesymptomen hat. 25 von 62 Teilnehmenden zeigten bei keiner der zwei Stimulationen Kinetoseanzeichen. Die übrigen 37 Personen entwickelten nach den Ergebnissen der kontinuierlichen Symptomerhebung im Verlauf der Exposition eine Kinetose. Das führt zu der Erkenntnis für Forschungsfrage 2, dass eine subjektiv erhobene hohe Kinetoseempfindlichkeit zu einem erhöhten Auftreten von Kinetosesymptomen in einem realen Fahrszenario führt. Durch das Referenzieren auf den Beginn der Testfahrt werden versuchsunabhängige Ursachen für das Auftreten der Symptome berücksichtigt. Die maximale Ausprägung der drei Symptome beträgt 7, 7 und 5 [-] (Übelkeit, Schwindel und Kopfschmerzen) und kann auf der Skala von 0 bis 10 als stark interpretiert werden. Eine genauere Deutung auf der nicht begrifflich verankerten Skala ist nicht plausibel. In der Gruppe der empfindlichen Teilnehmenden erlebten 11 von 29 das Symptom Schwindel und 10 das Symptom Übelkeit als 3 [-] oder stärker. Die Höhe der Symptome und der signifikante Unterschied zwischen den gemittelten Symptomausprägungen der Empfindlichkeitsgruppen führen zur Interpretation, dass eine mäßige Kinetoseausprägung auftrat. Zusätzlich ist anzumerken, dass ein Wert von 7 [-] auf der Symptomskala für Übelkeit den maximal erreichbaren Wert darstellt, da der Versuch ab diesem Wert abgebrochen wurde. Untersuchungen von Golding (2006b, S. 246) ergeben, dass der für die Gruppenbildung genutzte MSSQ-Short-Wert nur eine eingeschränkte Aussage über die Empfindlichkeit von resistenten Personen ermöglicht. Bei 22 der 30 unempfindlichen Personen (73 %) traten in den hier durchgeführten Versuchen keine Symptome auf. Das zeigt, dass der MSSQ-Short-Wert in Verbindung mit einer direkten Abfrage eine zufriedenstellende Vorauswahl bei resistenten Personen ermöglicht.

3.3.3.2 Kopfkennwerte

Die Kopfausrichtung weicht in Bedingung B – Video im Mittel um $\varphi = 17°$ nach unten von der horizontalen Ausrichtung in Bedingung A ($\varphi = 0°$) ab (Abbildung 3.13). Die Betrachtung des Videos auf dem Tablet-PC, der zum Beispiel auf den Oberschenkeln der Person positioniert ist, erfordert aus ergonomischen Gründen diese Ausrichtung des Kopfes. Im Vergleich zur Versuchsbedingung A – Außensicht erzeugte diese niedrigere Ausrichtung des Kopfes eine Abweichung zu der Richtung der wirkenden Beschleunigung auf das vestibuläre System. Die resultierende Kraft (Gravito-Inertial-Force – GIF) stellt den translatorischen Anteil der vestibulären Anregung dar. Untersuchungen (Zikovitz & Harris, 1999, S. 744) zeigten, dass die Kopforientierung von Mitfahrenden bei Kurvenfahrten umgekehrt proportional zur GIF steht. Hingegen erfolgt die Kopforientierung bei Personen die ein Fahrzeug führen unabhängig vom Winkel der GIF. Isu et al. (2014, S. 97) erwogen daher, dass die Kopfhaltung einen Einfluss auf die Symptomausprägung hat. Die Auswertung der Kopfbeschleunigung im Rahmen dieser Arbeit zeigte sich aufgrund der natürlichen Versuchsumgebung nicht als praktikabel, da Anregungen des Fahrzeugs und unkontrollierte Bewegungen der Personen interferieren. Daher wurde – ausgehend von den Beschleunigungssignalen – die mittlere Kopfausrichtung pro Minute betrachtet. Ein Zusammenhang zwischen der Symptomausprägung und der statischen Kopfausrichtung wie bei Kurvenfahrten ist aufgrund der identischen Ausrichtungen in beiden Empfindlichkeitsgruppen nicht festzustellen. Zusammenfassend trat unter Bedingung B – Video eine um $\varphi = 17°$ nach unten gesenkte Kopfausrichtung ohne signifikante Abweichung zwischen den Empfindlichkeitsgruppen auf, die die Beantwortung von Forschungsfrage 2 ergänzt.

Eine häufig genannte Maßnahme zur Reduzierung der Kinetosesymptome (Diels, 2009, S. 8; Mills & Griffin, 2000, S. 1000) ist die Reduzierung von Kopfbewegungen. Zur Analyse der Kopfbewegungen wurde die Standardabweichung der Kopfwinkelgeschwindigkeit um die Querachse (y-Achse) genutzt. Bemerkenswert ist, dass sich diese Größe unter der Versuchsbedingung B – Video reduzierte, die Kinetoseausprägung aber gleichzeitig anstieg. Demnach führt die Betrachtung des Videos oder eine andere Ursache währenddessen bereits zu ruhigeren Kopfbewegungen. Unabhängig davon verursachen andere Reize oder ihre Abwesenheit jedoch das Ansteigen der Symptome. Ähnliche konträre Beobachtungen beschreiben Dong et al. (2011, S. 27) zwischen Fahrenden (geringere Symptome, aber stärkere Kopfbewegung) und Mitfahrenden in einer simulierten Fahrzeugumgebung. Wichtig ist hierbei, dass die untersuchte Umgebung ohne physikalische Beschleunigungen in einer Rennsimulation erzeugt wurde.

Diese Ergebnisse zeigen, dass die Bewegungsamplitude keine eindeutige Aussage über das Auftreten von Kinetose ermöglicht. Hinsichtlich der untersuchten Aufgaben unterscheiden sich die Untersuchungen. In der angesprochenen Studie im Simulator wird die aktive Kontrolle über ein digital abgebildetes Fahrzeug mit der passiven Beobachtung verglichen. Demgegenüber werden in der hier durchgeführten Observationsstudie Personen mit der Aufgabe der Bewegungsbeobachtung (Bedingung A) und Personen, die durch die Betrachtung eines Videos abgelenkt sind (Bedingung B), gegenübergestellt. Es handelt sich damit um sowohl kognitiv als auch hinsichtlich der sensorischen Stimulation verschiedene Situationen. Der dargestellte Vergleich des jeweiligen Bewegungsverhaltens und der auftretenden Symptome lässt vermuten, dass sowohl Kontrolle als auch kognitive Beanspruchung sowie sensorische Stimulation einen Einfluss auf die Mensch-Fahrzeug-Interaktion haben.

Die Auswertung von Bewegungssignalen mit einer erhöhten Auflösung (50 Hz) ist für Messungen in einer natürlichen Umgebung nur unter kontrollierten Bedingungen möglich, da Bewegungen als Störung die Signale stark beeinflussen. Die in Abbildung 3.15 (links) gezeigte hohe Reproduzierbarkeit der Fahrzeugbewegung erlaubt es, die Dynamik als Störgröße auszuschließen. Jedoch stellen unkontrollierte Bewegungen der Personen, wie Kopfbewegungen durch eine Blickabwendung oder Haltungsänderungen, eine große Herausforderung zur validen Interpretation der Ergebnisse dar. Die fahrdynamische Anregung der Stop-and-Go-Fahrt ist im Mittel als gering zu bewerten, wodurch intrinsische Bewegungen der Personen möglich waren. Eine Ausnahme stellt in diesem Zusammenhang die starke Verzögerung zum Beginn des Profiltyps B dar. In dieser Verzögerungsphase verändert sich die Beschleunigung von $a = -2{,}3$ m/s^2 auf $a = 1{,}2$ m/s^2 innerhalb von $t = 3$ s mit einem Ruck von maximal $j = 5{,}7$ m/s^3. Die explorative Analyse der Kopfwinkelgeschwindigkeit ergab, dass diese Veränderung bei einer Vielzahl der Personen zu einem einheitlichen Bewegungsmuster führt. Die Identifikation des Musters ist möglich, da die Veränderung deutlich von einem allgemeinen Rauschen des Signals unterschieden werden kann. Diese Kopfbewegungen in der Bedingung B – Video entsprechen Ergebnissen, wie sie bei starken Fahrzeugverzögerungen beobachtet wurden (Carlsson & Davidsson, 2011, S. 130; Östh et al., 2013, S. 27). Unter diesen hohen Belastungen werden die Bewegungsverläufe vorrangig von der Fahrzeugbewegung dominiert. Die Personen sind erfahrungsgemäß nicht motiviert oder physisch nicht in der Verfassung, aktiv gegen die wirkenden Kräfte zu arbeiten. In experimentellen Umgebungen versuchen die Personen, die körperliche Belastung zu minimieren, und passen sich daher an die zu erwartende Stimulation an. Der Vergleich der Bewegungsverläufe zwischen der hier untersuchten Bedingung A – Außensicht und einer Stimulation mit aktivem Gurtstraffer durch Östh et al. (2013, S. 27) ergibt eine große Übereinstimmung. In beiden Verläufen ist eine zeitlich vorgelagerte Bewegung entgegen der vom Fahrzeug übertragenen Kraft zu erkennen. Die Ursache des in Bedingung A auftretenden Musters wird daher als Reaktion der antizipativen Wahrnehmung der bevorstehenden Fahrzeugbewegung gesehen. Ein Einfluss der Versuchsreihenfolge – zuerst Bedingungen A, dann B – ist ebenfalls möglich, wobei die Veränderung gegenüber der von Östh et al. (2013, S. 27) beobachteten Gewöhnung einer Entwöhnung entsprechen würde. Eine weitere Ursache für das veränderte Bewegungsverhalten zwischen den Bedingungen A und B kann die Kopfgrundhaltung sein. Die horizontale Kopfausrichtung in Bedingung A mit etwa $\varphi = 0°$ (Blickrichtung geradeaus) erlaubt den Teilnehmenden eine große Bewegungsfreiheit zur Rotation in die positive und negative Richtung. Hingegen findet durch die Ausrichtung des Kopfes auf den Tablet-PC in Bedingung B mit $\varphi = 17°$ bereits in der Grundausrichtung eine starke Beugung statt, wodurch nur eine eingeschränkte Reaktion möglich ist.

Für die beiden Kenngrößen Kopfwinkelgeschwindigkeit und -orientierung konnten keine Unterschiede zwischen den Empfindlichkeitsgruppen gefunden werden. Demgegenüber fanden Stoffregen et al. (2017, S. 18) eine Erhöhung der Variabilität der Kopfpositionen bei Personen mit Simulator Sickness in einer virtuellen aktiven Fahraufgabe. Diese Versuchsumgebung bestand in einer Rennsimulation ohne physikalische Beschleunigung. In der Observationsstudie zeigte sich bei den empfindlichen Personen eine geringe Tendenz zu höheren Standardabweichungen der Kopfwinkelgeschwindigkeit ohne statistische Signifikanz (EZM Anhang L: Abbildung 54). Im Rahmen dieser Arbeit ergibt sich daher für Forschungsfrage 2, dass aus der Kopfwinkelgeschwindigkeit (SD) und der Kopforientierung keine individuelle Kinetoseempfindlichkeit ableitbar ist, wobei die verschiedenen Versuchsbedingungen zu starken Unterschieden führen.

3.3.3.3 Augenkennwerte

Die Analyse von Augenbewegungen ist ein weitreichend untersuchtes Feld. Erkenntnisse über Blickverhaltensmuster von Mitfahrenden im Pkw sind bisher jedoch nur begrenzt verfügbar, wie Braunagel et al. (2016, S. 19) feststellten und auch die aktuellen Recherchen im Rahmen dieser Arbeit ergaben. Die automatische Fahrt unterscheidet sich aufgrund der vielschichtigen Ursachen von Blickbewegungen im dynamischen Umfeld – wie Kontrollvorgänge und fahrfremde Tätigkeiten – stark von der aktiven Fahrzeugführung.

Im Rahmen der Observationsstudie tritt eine Reduzierung der Fixationsdauer von 270 ms (A – Außensicht) auf 196 ms (B – Video) auf. Fixationsdauern bei der Fahrzeugführung liegen vorrangig im Bereich von 200 bis 730 ms (Tabelle 2.3).

Im Vergleich sind die geringen Ergebnisse in Bedingung A als plausibel einzustufen, da keine entscheidungsrelevanten Reize wie Verkehrszeichen auftraten. Sie gelten als eine Ursache für längere Fixationen (Schweigert, 2003, S. 85). Beim Betrachten von verschiedenartigen Filmen konnten Medianfixationsdauern von etwa 240 bis 260 ms sowie geringe Streuungen beobachtet werden (Tabelle 2.3). Die Abweichung von Bedingung B – Video mit 196 ms ($SD = 66$) kann zum Beispiel auf die verschiedenen Produktionsarten (Szenenwechsel, Kameraführung) zwischen der im Versuch gezeigten Kurzdokumentation und den Referenzen zurückgeführt werden (Dorr et al., 2010, S. 14). Auch individuelle Eigenschaften wie das räumliche Vorstellungsvermögen oder die Leistungsfähigkeit zur kognitiven Verarbeitung einer Szene beeinflussen die Fixationsdauer.

Auf diesen Grundlagen kann die Erklärung für die höheren Fixationsdauern der hohen Empfindlichkeitsgruppe in Bedingung A – Außensicht (Abbildung 3.17) eine geringere Leistungsfähigkeit zur räumlichen Orientierung sein (Mueller et al., 2008, S. 213; Roach et al., 2017, S. 8). Das geringere Niveau der Fixationsdauern in Bedingung B sowie der fehlende Unterschied zwischen den Gruppen in dieser Bedingung ist durch die aufgabenbedingt fehlende Anforderung beziehungsweise Möglichkeit zur räumlichen Orientierung während des Video-Schauens zu sehen. Dieser Zusammenhang wird durch einen hohen Anteil an Fixationen im Bereich von 90–300 ms in Bedingung B verstärkt. Der Einfluss von räumlicher Orientierung erlaubt daher sowohl eine Erklärung der Kinetoseausprägung zwischen den Bedingungen als auch den Empfindlichkeitsgruppen. Ein höherer Anteil an visueller räumlicher Orientierung in Bedingung A reduziert den visuell-vestibulären sensorischen Konflikt (Abschnitt 2.1.1) und führt entsprechend der Ergebnisse in Abschnitt 3.3.2.2 zu geringeren Symptomausprägungen. Die Aufgabe der Außensicht erlaubt jedem Teilnehmenden die selbstständige Regulierung der Blickbewegung und der dazugehörigen Fixationsdauer. Der für die hohe Empfindlichkeitsgruppe in Bedingung A erkennbare höhere Zeitbedarf zur Orientierung plausibilisiert die signifikante Steigerung der Symptomreaktion in Bedingung B in dieser Gruppe. Diese Personen können während der Fokussierung auf das Video (B) nicht ausreichend räumliche Informationen sammeln. Die reduzierte räumliche Orientierung verstärkt den sensorischen Konflikt als Ursache für Kinetose (Abschnitt 2.1.1).

Zusammenfassend ist für Forschungsfrage 2 das Ergebnis zu ergänzen, dass sich die Augenfixationsdauer unter Bedingung B – Video reduziert. Ausschlaggebend hierfür kann besonders der stete Wechsel der gezeigten Informationen beziehungsweise Szenen des Videos sein. Darüber hinaus erfordert beziehungsweise erlaubt die Aufgabe keine zeitintensiven Betrachtungen wie bei hoher kognitiver Interpretation oder der räumlichen Orientierung. Der Vergleich der

Empfindlichkeitsgruppen zeigt keinen Unterschied zwischen den Fixationsdauern innerhalb der Bedingung B – Video. Demnach ist das Blickmuster zwischen den Empfindlichkeitsgruppen für die hinsichtlich einer Kinetose kritischere Situation der Videobetrachtung vergleichbar. Auffällig ist der Anstieg der Fixationsdauer in der Bedingung A – Außensicht für die empfindliche Gruppe, der möglicherweise mit der veränderten Leistungsfähigkeit zur räumlichen Orientierung dieser Personen zu erklären ist.

Hinsichtlich der Augenfixationsgeschwindigkeit und der Kopfwinkelgeschwindigkeit (SD) tritt ein proportionales Verhältnis auf, das aufgrund der Kopplung durch den vestibulookulären Reflex plausibel ist. Zwischen den zwei betrachteten Fahrprofilstufen (Profiltyp A und B) zeigt sich, dass die höhere Anregung (B) zu einem Anstieg der Augenfixationsgeschwindigkeiten führt. Eine Abhängigkeit von der Kinetoseempfindlichkeit konnte nicht festgestellt werden. Besonders relevant ist dagegen die Erhöhung der Fixationsgeschwindigkeit bei gleichzeitiger Reduzierung der Kopfwinkelgeschwindigkeit (SD) während des Videobetrachtens. Die Ursache kann eine Kompensationsbewegung der Augen sein: Infolge der geringeren Kopfbewegungen kann zur Fixation des sich bewegenden Tablet-PCs (OKR, Abschnitt 2.1.1) und der dort gezeigten Objekte ein Anstieg der Augenbewegungen resultieren. Hinsichtlich dieser Beobachtungen sind keine Veröffentlichungen zum Abgleich dieser Erkenntnisse bekannt. Die betrachteten Parameter können hinsichtlich der Untersuchung des vestibulookulären Reflexes als Ursache von Kinetose von Bedeutung sein.

3.3.3.4 Allgemeine Anmerkungen zur Observationsstudie

Die gewählte Stop-and-Go-Situation ist ein Einzelfall aus der Vielfalt an existierenden Verkehrssituationen und bietet entsprechend nur ein reales Anwendungsbeispiel der Mensch-Fahrzeug-Interaktion. Wie beschrieben (Abschnitt 3.3.1.4) wurden reale Fahrdaten extrahiert und unter vergleichbaren technischen Rahmenbedingungen reproduziert. Es sind keine Anmerkungen von Teilnehmenden oder Mitarbeitenden des Versuchsteams bekannt, die darauf schließen lassen, dass es sich um eine unnatürliche Situation handelte. Für Verkehrssituationen mit Querdynamik, wie bei einer kurvigen Straße oder beim Abbiegen im Stadtverkehr, sind ebenfalls keine Erkenntnisse übertragbar. Insbesondere die bei Querdynamik auftretende komplexe Dynamik des Kopfes wurde in diesen Untersuchungen bewusst vermieden.

Zur Fokussierung auf die jeweilige Kurzdokumentation in Bedingung B – Video mussten Fragen beantwortet werden. Die Fragen hatten das Ziel, die Konzentration auf den gezeigten Inhalt zu erhöhen. Es wurde auf eine weitere Analyse des Antwortverhaltens verzichtet, da falsch beantwortete Fragen sowohl mit fehlender Aufmerksamkeit als auch mit der zu hohen Komplexität der Frage selbst begründet sein konnten. Die mithilfe des am Kopf getragenen Messsystems gewonnenen Daten zur Kopf- und Augenbewegung zeigen starke Abhängigkeiten von den Untersuchungsvariablen. Eine bereits in der Planung diskutierte Einschränkung ist der Diskomfort durch die Anwendung dieses Systems für die Teilnehmenden. Vereinzelte Kommentare ließen darauf schließen, dass es einen Einfluss auf das Symptom Kopfschmerzen haben könnte. Für eine detailliertere Analyse der Mensch-Fahrzeug-Interaktion scheint diese Einschränkung jedoch verhältnismäßig.

Grundlegend ist zu diskutieren, ob die Symptomausprägung stark genug war, um das Auftreten einer Kinetose zu analysieren. Jegliche Studien mit Menschen stehen im Spannungsfeld zwischen wissenschaftlicher Fragestellung und ethisch vertretbarer Belastung für die Teilnehmenden. Im Rahmen aller Fahrten dieser Studie kam es nur einmal zu einem Versuchsabbruch. Dieser Abbruch erfolgte in der zehnten Minute der elfminütigen Fahrt unter der Bedingung B – Video, weil das Abbruchkriterium für das Symptom Übelkeit erreicht wurde. Danach äußerte die Person den Wunsch, das Fahrzeug anzuhalten und die Fenster zu öffnen. Dies zeigt, dass die Symptombewertung dem starken Unwohlbefinden der Person entsprach. Nach subjektiver Einschätzung des Versuchsteams war weiteren Teilnehmenden eine Belastung durch das Auftreten der Symptome anzumerken. Dieses Resultat einer bis auf die erwähnte Ausnahme abbruchfreien Versuchsdurchführung bei einer nennenswerten Anzahl an mittleren Symptomausprägungen kann als optimaler Verlauf gesehen werden.

Das gewählte Versuchsdesign mit den erhobenen Variablen bietet ein weitreichendes Potenzial für verschiedene Auswertungen. Als bedeutende Einschränkung steht der Aussagekraft der erhobenen Kennwerte eine Vielzahl an Störgrößen der realen Fahrumgebung gegenüber. Eine hochgenaue Betrachtung zum Beispiel der zeitlichen Veränderung der Kopfbeschleunigung und eine Ableitung von Ursachen hierfür sind nur sehr begrenzt plausibel. Als unkontrollierter Einfluss sind beispielsweise aktive Bewegungen des Körpers aus Komfortgründen oder Blickfokussierungen auf externe Reize zu nennen. Es konnte auch festgestellt werden, dass die Symptomabfrage zu einer Bewegungsreaktion des Kopfes führte. Bei Teilnehmenden, die keine Symptome verspürten (Bewertung 0 [-]), trat teilweise eine Rotationsbewegung des Kopfes um die z-Achse auf („Kopfschütteln").

Bei der Analyse der Augenbewegungen konnten bewährte Methoden und Kenngrößen (unter anderem Fixationsdauer) angewandt werden. Hinsichtlich der

Kopfbewegungen wurden keine etablierten Methoden gefunden. Im Rahmen dieser Arbeit wurden daher Kennwerte zur Kopforientierung und Kopfbewegungsintensität zur Darstellung der Zusammenhänge hergeleitet. Die Weiterentwicklung dieser Kenngrößen birgt ein hohes Potenzial, weitere Effekte aufzuzeigen. Neben den gewählten Größen kann das Betrachtungsintervall von 60 s, wie zum Beispiel bei der Kopfwinkelgeschwindigkeit, auch für die weiteren Kennwerte reduziert werden, um die Reaktion auf das Fahrverhalten detaillierter abzuleiten. Demgegenüber stellt das an der subjektiven Symptomausprägung orientierte Betrachtungsintervall von 60 s eine robuste Methode dar, um Störeinflüsse zu kompensieren.

3.4   Interventionsstudie Stop-and-Go

Im folgenden Abschnitt werden technische Interventionen zur Reduzierung von Kinetose erarbeitet und deren Wirkung analysiert (Interventionsstudie – INT). Dieser Schritt basiert auf den Ansätzen sowie Erkenntnissen der vorangegangenen Observationsstudie. Die Teilnehmenden werden unter drei Bedingungen während der Stop-and-Go-Fahrt betrachtet. Nach der sensorischen Konflikttheorie (Reason & Brand, 1975, S. 103) haben das visuelle und das vestibuläre Wahrnehmungssystem den größten Einfluss auf die Entstehung einer Kinetose. Daraus ergeben sich für die Entwicklung der Interventionen Ansätze in diesen zwei Lösungsräumen. Prototypisch werden die Interventionen einer Fahrzeugumfeldanzeige und eines entkoppelten Sitzes realisiert. Die Versuchsdurchführung basiert auf dem in Abschnitt 3.3 Observationsstudie Stop-and-Go untersuchten Szenario. Abschließend erfolgt die Diskussion der Ergebnisse.

3.4.1   Methode und Material

Da die Ergebnisse der Interventionsstudie mit denen der Observationsstudie verglichen werden sollen, wurde die Durchführungsmethodik beibehalten. In den folgenden Abschnitten werden zunächst die Versuchsbedingungen und die abgeleiteten Interventionen beschrieben. Anschließend werden Versuchsdesign und Stichprobe vorgestellt, Anpassungen bei der Datenaufzeichnung thematisiert und Informationen zur Datenverarbeitung gegeben.

3.4.1.1 Versuchsbedingungen

Im folgenden Versuch soll bei Pkw-Insassen, die während einer Stop-and-Go-Situation ein Video schauen, eine möglichst geringe Belastung durch Kinetosesymptome bewirkt werden. In der Observationsstudie wurde angestrebt, diese Beschäftigung unter realitätsnahen Bedingungen stattfinden zu lassen. Da serienmäßig in Fahrzeugen (vergleiche Volkswagen Passat B8) keine Ablage oder Befestigung für ein Beifahrerdisplay verfügbar ist, mussten die Teilnehmenden den Tablet-PC selbst halten. Im Gegensatz dazu werden in der Interventionsstudie drei Bedingungen untersucht, in denen ein Tablet-PC fest in erhöhter Position verbaut ist. Dadurch soll der Einfluss der individuellen Tablet-Positionierung vermieden werden. Die Position wird so gewählt, dass keine Überschneidung mit der Sicht aus der Frontscheibe entsteht. Diese erhöhte Displayposition im Pkw zeigte in anderen fahrdynamischen Umgebungen bereits eine Reduzierung der Kinetoseausprägung (Tabelle 2.10). Eine Ursache für die Symptomreduzierung kann die gesteigerte Wahrnehmung von Objekten außerhalb des Fahrzeugs sein (Griffin & Newman, 2004b, S. 748). Insbesondere die periphere Bewegungswahrnehmung wird hierbei verbessert (Probst et al., 1982, S. 18). Als eine weitere Änderung ist eine geringere Neigung des Kopfes zu erwarten. In der Bedingung C – Video Referenz betrachten die Teilnehmenden ein Video ohne weitere Manipulation. In Abbildung 3.20 (links) ist diese Bedingung als Seitenansicht dargestellt. In der Bedingung D – Video App wurden als visuelle Maßnahme Informationen zum aktuellen Fahrzeugumfeld neben der Videodarstellung eingeblendet (rot markierter App-Bereich in Abbildung 3.20, mittig). Eine ausführliche Erläuterung dieser Maßnahme erfolgt in Abschnitt 3.4.1.2. In der Bedingung E – Video Sitz wurde die vestibuläre Maßnahme untersucht (Abbildung 3.20, rechts). Dazu wurde der Fahrzeugsitz zur Manipulation der vestibulären Bewegungsstimulation aktiv entkoppelt. Der Sitz bewegt sich nun entsprechend einer Nickbewegung um die Fahrzeugquerachse. Erläuterungen hierzu gibt Abschnitt 3.4.1.3. Die Videodarstellung entsprach in den Bedingungen D und E der Position und Größe aus der Referenzbedingung C.

Im Rahmen der Interventionsstudie wird in einem von dieser Arbeit unabhängigen Forschungsvorhaben erörtert, ob sich die Charakteristik des vestibulookulären Reflexes (VOR) bei empfindlichen und unempfindlichen Personen unterscheidet und ob die Provokation von Kinetose eine Veränderung erzeugt. Die Untersuchung basiert auf der Grundlage, dass Personen mit vestibulären Funktionsstörungen teilweise abweichende VOR-Muster gegenüber gesunden Personen zeigen. Diese Funktionsstörungen können auch zu Symptomen führen, die mit denen einer Kinetose vergleichbar sind (Ramaioli et al., 2014). Mithilfe des Video-Head-Impulse-Tests (vHIT) (Bartl et al., 2009) wurden die relevanten

Abbildung 3.20 Darstellung der Versuchsbedingungen (INT). (Quelle: Eigene Darstellung)

Eigenschaften des VOR in einer Prä- und Post-Messung bei jedem Versuchsdurchlauf erhoben. Die Auswertung stellt keinen Bestandteil dieser Arbeit dar und ist hier nur zur vollständigen Beschreibung des Versuchsablaufs erwähnt.

3.4.1.2 Visuelle Intervention

Die Ergebnisse der Observationsstudie, die aus dem Vergleich der Empfindlichkeitsgruppen gewonnen wurden, führen zu keiner direkten Ableitung für die Umsetzung der visuellen Intervention. Das bedeutet, dass – entgegen dem im Forschungsdesign angestrebten Vorgehen – vorrangig die Ableitungen in Tabelle 2.10 aus dem Stand der Wissenschaft die Grundlage liefern. Die Observationsstudie zeigt darüber hinaus, dass während des gesamten zeitlichen Verlaufs unter der Bedingung mit Blickrichtung auf das vorausfahrende Fahrzeug (A – Außensicht) längere Blickfixationen auftreten als unter der Bedingung B – Video. Parallel führt die Bedingung A – Außensicht zu einer geringeren Ausprägung der Symptome als die Bedingung B. Aufgrund dieser Beobachtung könnten die Nutzenden unterstützt werden, längere Blickfixationen zur verbesserten Orientierung im Raum durchzuführen, um eine Reduzierung der Symptomausprägung zu erreichen.

Für die Umsetzung einer visuell wirkenden Intervention können die folgenden theoretischen Annahmen sowie Ergebnisse bestehender Untersuchungen Ansätze liefern. Bisher wurde mehrfach bestätigt, dass fehlende Sicht aus dem Fahrzeug zu einer stärkeren Kinetoseausprägung führt (Probst et al., 1982, S. 413). Eine realitätsnahe Kameraanzeige der vorausliegenden Straße (Griffin & Newman, 2004b, S. 744) führte hingegen zu keiner Reduzierung der Symptome, wobei Elemente wie eine Verzögerung in der Darstellung oder die fehlende Bildtiefe ursächlich gewesen sein könnten. Während einer Stop-and-Go-Fahrt erfassen die Nutzenden bei freier Sicht aus dem Fahrzeug – anders als bei der Betrachtung eines Videos – übereinstimmende visuelle und vestibuläre Bewegungsinformationen (Kato & Kitazaki, 2006b, S. 466). Eine Reduzierung von Kinetosesymptomen bei der Videobetrachtung konnte durch Anzeigen mit dynamischer Anpassung des Bildrahmens oder der Bildausrichtung in Abhängigkeit zur Fahrzeugbewegung erfolgen (Kato & Kitazaki, 2006a, S. 8; Morimoto, Isu, Okumura, et al., 2008a, S. 7). Diese Ansätze haben das Ziel, den Konflikt zwischen der aktuellen vestibulären und visuellen Wahrnehmung zu reduzieren. Eine weitere Möglichkeit zur visuellen Manipulation bieten antizipatorische Elemente (Diels & Bos, 2016, S. 377). Dies sind beispielsweise Kreisverkehre, Kurven, Ampeln oder Fahrzeuge, auf die sich die Nutzenden zubewegen, wodurch eine zukünftige Änderung der eigenen Fahrzeugdynamik abgeleitet werden kann. Das Zusammenspiel der aktuellen vestibulären und visuellen Wahrnehmungen mit der kognitiv erwarteten Bewegung bedarf weiterer Forschungsaktivität (Feenstra et al., 2011, S. 199).

Die dynamische Manipulation des Bildrahmens durch die aktuelle Bewegung des Fahrzeugs kann in Ansätzen als wirksame Lösung eingestuft werden. Daher soll der Fokus der visuellen Intervention im Rahmen dieser Arbeit auf den bisher unzureichend betrachteten Einfluss von Informationen über den zukünftigen Bewegungsverlauf gelegt werden. Für das Szenario einer Stop-and-Go-Fahrt werden diese Informationen vorrangig durch die vorausfahrenden Fahrzeuge erzeugt. Hierzu zählen die Distanz zum eigenen Fahrzeug, die dynamischen Veränderungen sowie das Aufleuchten der Bremslichter bei starken Verzögerungen. In der Interventionsstudie soll eine Anzeige auf dem Tablet-PC dem Nutzenden Informationen über die Änderung der Fahrzeugbewegungen des vorausfahrenden und des eigenen Fahrzeugs liefern. Im Folgenden wird der Aufbau der Anzeige im Detail beschrieben.

Das Forschungsdesign dieser Arbeit dient der nutzerzentrierten Entwicklung von Artefakten zur Verbesserung des momentanen Zustands. Daher besteht der Anspruch, die gewünschten Funktionen (Tabelle 2.2) uneingeschränkt zur Verfügung zu stellen. Entsprechend wird bei der Umsetzung der Informationsanzeige über den zukünftigen Bewegungsverlauf auch der vom Nutzenden theoretisch gewünschten Videoansicht weiterhin die größte Bedeutung eingeräumt. Im Vergleich zu der Untersuchung mit vollflächiger Kameraansicht (Griffin & Newman, 2004b, S. 744) soll der größte Teil des hier verwendeten Tablets das gewählte Video anzeigen. Anhand der negativen Ergebnisse, die mit einer Kameraansicht der Umgebung erzielt wurden, wird in Anlehnung an serienmäßig in Pkw verbaute Fahrerassistenzanzeigen (Bubb & Bengler, 2015, S. 538) der in Abbildung 3.21 gezeigte Prototyp realisiert. Die Entwicklung des Prototyps baut auf einer unveröffentlichten Anzeigeapplikation für automatische Fahrmanöver auf.

Als Prämisse für die Entwicklung galt die Fokussierung auf das Stop-and-Go-Szenario mit vorausfahrendem Fahrzeug und geradem Straßenverlauf. Im Vergleich zur erwähnten Kameraansicht besteht diese Anzeige aus einer digitalen Animation. Die dargestellten Inhalte der Fahrzeugumfeldanzeige werden anhand von Sensorik zur Messung der Fahrzeuggeschwindigkeit, -beschleunigung und der Distanz zum vorausfahrenden Fahrzeug in Echtzeit erzeugt.

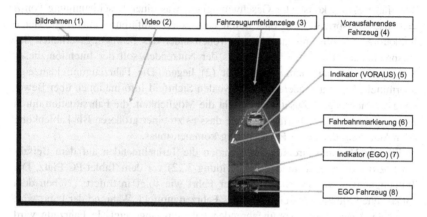

Abbildung 3.21   Ansicht der Fahrzeugumfeldanzeige. (Quelle: nach Brietzke et al. (2020))

Der in Abbildung 3.21 gezeigte Bildrahmen (1) entspricht der 10 Zoll großen Bildausgabe des verwendeten Tablet-PCs (Nexus 10, 2019). Wie beschrieben nutzt das Video (2) mit einem Flächenanteil von circa 80 % den größten Teil dieser Ausgabe. Die Fahrzeugumfeldanzeige (3) befindet sich über die komplette Anzeigenhöhe am vertikalen Bildrand. Das Kernelement dieser Anzeige bildet die Darstellung eines vorausfahrenden Fahrzeugs (4). Es wird auf Basis des gemessenen Abstands vor einer Ansicht des eigenen Fahrzeugs (8) gezeigt. Die Darstellung des eigenen Fahrzeugs ist auf den Innenraum reduziert. Zusätzlich beinhaltet die Umfeldanzeige (3) zwei Fahrbahnmarkierungen (6), die bei der Fahrt des eigenen Fahrzeugs den Anzeigebereich durchlaufen. Die Durchlaufgeschwindigkeit dieser Fahrbahnbegrenzungen ist abhängig von der gemessenen Fahrzeuggeschwindigkeit. Die Bewegung der Markierung sowie der Abstand zum vorausfahrenden Fahrzeug dienen zur Übermittlung der zukünftigen Fahrzeugbewegungen. Auf diese Weise können die Betrachtenden die Verzögerung beziehungsweise die Beschleunigung des eigenen Fahrzeugs ableiten. Aufgrund der perspektivischen Anzeige verändert das vorausfahrende Fahrzeug neben der

Position auch die Größe. Zur Verstärkung der Wahrnehmung dieser Veränderungen werden zusätzlich Farbindikatoren am vorausfahrenden Fahrzeug (5) und eigenen Fahrzeug (7) angezeigt. Diese Indikatoren entsprechen keiner in der Realität sichtbaren Größe. Auf dem Fahrbahnboden wird ein kreisförmiger Bereich abhängig von der Beschleunigung des Fahrzeugs farblich hervorgehoben. Bei positiven Beschleunigungen ist dieser Bereich in zwei Intensitätsstufen grün und bei Verzögerungen in zwei Intensitätsstufen rot eingefärbt. Steht das Fahrzeug oder fährt es mit konstanter Geschwindigkeit, was einer Beschleunigung von $a = 0$ m/s^2 entspricht, wird dies durch eine graue Einfärbung angezeigt. Beide Indikatoren visualisieren unabhängig voneinander das Bewegungsverhalten des entsprechenden Fahrzeugs. Der Fokus der Nutzenden soll der Intention dieses Konzeptes nach auf dem Videoinhalt (2) liegen. Die Fahrzeugumfeldanzeige übermittelt dem Nutzenden im parafovealen Sichtfeld Informationen über Bewegungsveränderungen. Zusätzlich besteht die Möglichkeit, die Fahrsituation durch einen direkten Blick zu erfassen, ohne dass es zu einer größeren Blickablenkung oder Änderung der tiefen Fokussierung kommen muss.

Für die Versuchsdurchführung nahmen die Teilnehmenden auf dem Beifahrerplatz des hinteren Fahrzeugs (Abbildung 3.22) vor dem Tablet-PC Platz. Die Teilnehmenden wurden zu Beginn der Fahrt wie folgt instruiert: „Neben dem Video sehen Sie eine Anzeige über das Fahrzeugumfeld. Während der Fahrt wird der reale Abstand zum vorausfahrenden Fahrzeug angezeigt. Je Fahrzeug wird der aktuell graue Bereich in Abhängigkeit zur Fahrzeugbewegung bei Beschleunigungen in zwei Intensitätsstufen grün beziehungsweise bei Verzögerungen in zwei Intensitätsstufen rot leuchten. Haben Sie noch Fragen?"

Im Anschluss wurde die Versuchsfahrt entsprechend der in Abschnitt 3.3.1 beschriebenen Methode, inklusive der kontinuierlichen Symptomabfrage durchgeführt. Auf eine umfangreichere Erläuterung der Maßnahme gegenüber den Teilnehmenden wurde verzichtet, da erwartet wurde, dass die Wahl der didaktischen Mittel einen Einfluss auf die Aufmerksamkeit und im Folgenden auf die Wirksamkeit haben könnte. Die Anzeige wurde in Anlehnung an die natürlich verfügbare Ansicht aus dem Fahrzeug umgesetzt. Es ist davon auszugehen, dass hinsichtlich des Vertrauens und der Interpretation Lerneffekte eintreten können. Adaption und Training haben eine große Bedeutung für die unbewusst ausgelöste Reaktion einer Kinetose. Für die bessere Vergleichbarkeit der drei Versuchsbedingungen wurden nur sehr wenige Informationen zu den jeweiligen Bedingungen zur Verfügung gestellt, um die natürliche Reaktion unerfahrener Personen zu untersuchen.

Abbildung 3.22
Darstellung der
Versuchsbedingung der
visuellen Maßnahme.
(Quelle: Eigene
Darstellung)

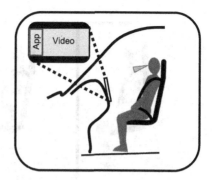

3.4.1.3 Kinetische Intervention

Für die Konzeptionierung der technischen Intervention zur vestibulären Stimulation werden die translatorischen und rotatorischen Bewegungen der Teilnehmenden näher betrachtet. Zwischen den empfindlichen und unempfindlichen Personen tritt in der Observationsstudie weder in der Kopfausrichtung noch hinsichtlich der Kopfwinkelgeschwindigkeit ein Unterschied auf. Die weiteren Ergebnisse zeigen einen signifikanten Anstieg der Kopfwinkelgeschwindigkeiten während der hohen Stimulationsphase. Dieser Anstieg geht mit einer Steigerung des Gradienten der Symptomverläufe Schwindel und Übelkeit einher. Demnach führt die höhere vestibuläre Anregung zu einem stärkeren Symptomanstieg. Die Betrachtung der Kopfwinkelgeschwindigkeit zeigt, dass die Teilnehmenden als Folge der Fahrzeugbewegung während der Beschleunigungsphasen eine starke Kopfnickbewegung zeigen. Während dieser Nickbewegung tritt eine erhöhte Stimulation der Bogengänge der Vestibularorgane auf. Diese Stimulation erzeugt die reflexartige Augenbewegung des vertikalen VOR, die im Zusammenhang mit dem Eintreten von Kinetose steht (Bos et al., 2002, S. 436). Es wird daher das Ziel formuliert, die Stärke der Kopfnickbewegungen zu reduzieren. Ausgehend von den in Tabelle 2.9 beschriebenen Interventionen zur kinetischen Vermeidung von Kinetose wird eine Entkopplung der Person vom Fahrzeugaufbau gewählt. Eine bewegliche Lagerung der Sitzstruktur kann die Übertragung der Fahrzeugbeschleunigungen auf die Kopfnickbewegungen reduzieren. Daher wurde eine aktive Entkopplung des Sitzes entwickelt und prototypisch umgesetzt. Ausgehend von Untersuchungen durch Omura et al. (2014, S. 1) wird ein rotatorisch wirkender Mechanismus mit aktiven Komponenten realisiert, um einen maximalen Gestaltungsspielraum hinsichtlich einer prototypischen Regelung zu ermöglichen.

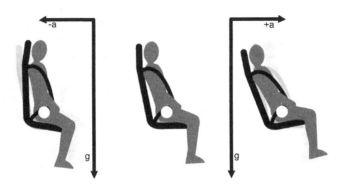

Abbildung 3.23 Schematische Ansicht der aktiven Sitzentkopplung. (Quelle: Eigene Darstellung)

Die aktive Ansteuerung erzeugt eine Beschleunigung des Oberkörpers, die dem Vektor der Fahrzeugbeschleunigung entgegengerichtet ist. Die negative Beschleunigung des Fahrzeugs ($a < 0$ m/s^2) wirkt entgegen der Fahrtrichtung. Hierdurch wird bei einem starren Sitz der Unter- und Oberkörper der Person ebenfalls verzögert (Abschnitt 2.2.2). Der Kopf vollführt eine Nickbewegung aufgrund seiner bisherigen Geschwindigkeit, bis er sich der neuen Fahrzeuggeschwindigkeit anpasst. Im Falle der aktiven Bewegung des Sitzes wird nun ebenfalls eine positive Rotation (Abbildung 2.7) des Sitzes vollzogen. In Abbildung 3.23 ist auf der linken der drei Positionen die Bewegungsrichtung für die Situation einer Verzögerung dargestellt. Diese führt zu einer Aufrichtung des Oberkörpers. Es ist das Ziel, über diese Anpassung die Rotation des Kopfes in Relation zum Oberkörper zu reduzieren. Dies soll zu einer Reduzierung der entstehenden Kopfwinkelgeschwindigkeiten führen. Diese Bewegung erfolgt bis zum Erreichen der maximalen Verzögerung beziehungsweise dem Erreichen des maximalen Verstellwegs der Entkopplungskinematik. Sobald sich die Verzögerung wieder verringert, bewegt sich der Sitz wieder auf die Ausgangsposition (Abbildung 3.23, mittig). Im Falle einer positiven Fahrzeugbeschleunigung entspricht die aktive Bewegung dem Nachgeben der Sitzlehne auf die Trägheitskraft der Person entgegen der Fahrtrichtung (Abbildung 3.23, rechts). Bei der Betrachtung dieser Bewegungen kann eine Verschiebung des Referenzkoordinatensystems zum besseren Verständnis helfen. Ausgehend von der Position eines

Betrachtenden neben einem aus dem Stand beschleunigenden Fahrzeugs führt die aktive Rückverlagerung dazu, dass der Insassenkopf für einen kurzen Zeitraum an der gleichen Position bleibt. Demgegenüber hat sich das Fahrzeug bereits um einen entsprechenden Anteil bewegt. In den darauffolgenden Zeitabschnitten wird die Person durch die Rückbewegung des Sitzes wieder der Fahrzeuggeschwindigkeit angeglichen. Für die technische Umsetzung wurde eine bewegliche Aufhängung einer Sitzwanne mit starrer Kopplung zur Sitzlehne entwickelt. Mithilfe eines Aktuators kann eine Rotation der Sitz-Lehnen-Komponente um die Fahrzeugquerachse (y-Achse) erfolgen.

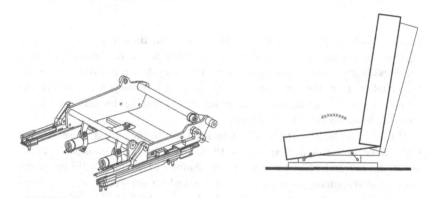

Abbildung 3.24 Perspektivische Ansichten der Sitzentkopplung. (Quelle: nach Brietzke & Barton-Zeipert (2020))

Die Konstruktion entspricht einem trapezförmigen Koppelgetriebe mit der Schiene des Sitzes als Gestell (Abbildung 3.24). Die Konstruktion ist so ausgeführt, dass die Schwingen die Gewichtskraft der Person tragen. Als diagonale Verbindung zwischen dem Gestell der Sitzschiene und dem Rahmen der Sitzwanne befinden sich parallel angeordnete elektromagnetische Linearsteller. Aufgrund dieser Anordnung in einem Koppelgetriebe erfolgt bei translatorischer Verschiebung der Linearsteller eine Rotation der Sitzwanne um einen oberhalb liegenden Momentanpol (Abbildung 3.24, durch X markiert). Durch die Verlängerung der Linearsteller verschiebt sich dieser Momentanpol auf einer

Abbildung 3.25
Darstellung der
Versuchsbedingung der
vestibulären Maßnahme.
(Quelle: Eigene
Darstellung)

Kreisbahn. Die Regelung der Linearsteller erfolgt auf Basis von zwei Beschleu-nigungssensoren im Bereich der Fahrzeugkarosserie und an der Lehne des Sitzes. Die Messungen der Beschleunigungen am Fahrzeug dienen zur Aktivierung der Linearsteller. Dementgegen dient die Messung am entkoppelten Element zur Dämpfung der Bewegung. Die Ansteuerung erfolgt mithilfe der Software Matlab Simulink R 2016b (MATLAB, 2016).

Hinsichtlich der erwarteten Reaktionen ist es möglich, dass diese Art der Intervention neben dem gewünschten Effekt auch zusätzlich muskuläre Reak-tionen der nutzenden Person erzeugt. Der Aufbau (Abbildung 3.25) entspricht einer Teilentkopplung, da weiterhin eine Verbindung der Person mit der Fahr-zeugumgebung besteht. Hierzu gehört der Kontakt der Füße im Fußraum und die Ablage der Unterarme auf den Armauflagen der Tür sowie der Mittelkon-sole. Die unterschiedlichen Bewegungen zwischen den Körperbereichen können zu einer empfundenen Instabilität des Körpers und einer Reduzierung des Komfortempfindens führen.

Zum Beginn der Versuchsdurchführung wurde die Sitzentkopplung durch einen NOTAUS-Schalter in der Mittelkonsole deaktiviert, da die entstehenden Kräfte während des Einsteigens in das Fahrzeug zu einer Bewegung des Sitzes führen konnten. Den Teilnehmenden wurde die folgende Erläuterung zur Bedin-gung gegeben: „Sie sitzen auf einem aktiv bewegten Sitz. Die Bewegungen sind gewollt und können jederzeit auf Ihren Wunsch durch diesen NOTAUS-Schalter gestoppt werden. Haben Sie noch Fragen?" Im Anschluss wurde die Versuchs-fahrt entsprechend der in Abschnitt 3.3.1 beschrieben Methode inklusive der kontinuierlichen Symptomabfrage durchgeführt.

3.4.1.4   Versuchsdesign

Die Untersuchung der drei Versuchsbedingungen: C – Video Referenz, D – Video App, E – Video Sitz erfolgt in Anlehnung an die Observationsstudie (Abschnitt 3.3) in einem Within-Subject-Design. Die Teilnahmen fanden für jede Person mit einer Unterbrechung von mindestens einer Nacht zwischen den Versuchsfahrten statt. Entgegen den Versuchsbedingungen A – Außensicht und B – Video der Observationsstudie (Abbildung 3.8) ist zwischen den Bedingungen der Interventionsstudie (C bis E) im Voraus keine Abschätzung der zu erwartenden Kinetoseausprägungen möglich. Die Reihenfolge der Versuchsbedingungen wird daher randomisiert (Tabelle 3.7). Vor und nach jeder der drei Fahrten erfolgt die unter Abschnitt 3.4.1.1 erwähnte vHIT-Erhebung. Für die Versuchsteilnahme erhalten die Personen eine Aufwandsentschädigung von 20 € je Fahrt und weitere 20 € bei vollständiger Teilnahme an allen drei Fahrten. Um einen Within-Subject-Vergleich zwischen allen fünf Bedingungen (A – E) zu ermöglichen, wurden Teilnehmende der ersten Erhebung (Observationsstudie Stop-and-Go) erneut eingeladen. Da die Wirksamkeit der Maßnahmen untersucht werden sollte, wurde vorrangig aus der hohen Empfindlichkeitsgruppe rekrutiert. In einem kleineren Umfang wurden auch Personen der unempfindlichen Gruppe berücksichtigt, da eine negative Wirkung auf die Symptomausprägung erkannt werden sollte. Somit steht eine Kontrollgruppe für die Datenanalyse zur Verfügung. Wie bereits bei der Observationsstudie wurden auch die Versuche der Interventionsstudie vor Durchführung von den zuständigen Fachabteilungen der Volkswagen AG – wie in 3.3.1.2 Versuchsdesign beschrieben – überprüft und freigegeben. Die Interventionsstudie wurden zusätzlich der Ethikkommission der Brandenburgischen Technischen Universität Cottbus-Senftenberg zur Beurteilung vorgelegt (EZM Anhang M), die sie ebenfalls für unbedenklich erklärte.

Tabelle 3.7 Reihenfolge der Versuchsbedingungen (INT). (Quelle: Eigene Darstellung)

Identifikation	Fahrt 1			Fahrt 2			Fahrt 3		
x01xx	Prä-vHIT	Referenz (Bedingung C)	Post-vHIT	Prä-vHIT	Visuelle Intervention (Bedingung D)	Post-vHIT	Prä-vHIT	Vestibuläre Intervention (Bedingung E)	Post-vHIT
x02xx	Prä-vHIT	Vestibuläre Intervention (Bedingung E)	Post-vHIT	Prä-vHIT	Referenz (Bedingung C)	Post-vHIT	Prä-vHIT	Visuelle Intervention (Bedingung D)	Post-vHIT
x03xx	Prä-vHIT	Visuelle Intervention (Bedingung D)	Post-vHIT	Prä-vHIT	Vestibuläre Intervention (Bedingung E)	Post-vHIT	Prä-vHIT	Referenz (Bedingung C)	Post-vHIT

3.4.1.5 Stichprobe

Von den 62 Teilnehmenden der vorangegangenen Observationsstudie des Jahres 2016 konnten 23 Personen erneut zur Teilnahme eingeladen werden. Die Versuchsdurchführung erfolgte in Klettwitz, Deutschland, im Zeitraum vom 14.08.2017 bis 22.08.2017. Es konnten 68 Fahrten erfolgreich durchgeführt werden. Eine Person konnte aus organisatorischen Gründen nur bei zwei von drei Bedingungen teilnehmen. Bei zwei Fahrten kam es zu Ausfällen in der Messtechnik, wodurch bei diesen Versuchsfahrten ein größerer Anteil der Messdatenaufzeichnung fehlt. Aufgrund des Within-Subject-Designs mussten diese drei Teilnehmenden aus Teilen der Auswertung ausgeschlossen werden. Die Eigenschaften der resultierenden Stichprobe sind in Tabelle 3.8 nach Anzahl oder Verteilung mit Minimum – Mittelwert – Maximum (Standardabweichung) zusammengefasst.

3.4.1.6 Datenaufzeichnung

Die Datenaufzeichnung erfolgte in Anlehnung an die Observationsstudie (Abschnitt 3.3.1.5). Einzig die zur Aufzeichnung der Kopf- und Augenbewegung genutzte binokulare Ausführung der EyeSeeCam zur Betrachtung beider Augen wurde durch eine monokulare Variante mit einer Kamera und geändertem Brillengestell ersetzt. Sie vereinfachte den Versuchsablauf, da die Messtechnik zur Durchführung des Video-Head-Impulse-Tests und zur Erhebung während der Fahrt nicht gewechselt werden musste.

Der Aufbau des aktiv entkoppelten Sitzes bei der vestibulären Maßnahme erfordert zur Regelung der Linearmotoren die in Abschnitt 3.4.1.3 beschriebene Beschleunigungssensorik. Die Beschleunigungswerte dieser Sensoren an der Sitzlehne und im Bereich des Fahrzeugbodens sowie die Auslenkung des Linearmotors werden als zusätzliche Fahrzeugdaten mit einer Abtastrate von $f = 50$ Hz aufgezeichnet.

3.4.1.7 Datenverarbeitung

Die Messdaten zur Auswertung der Einflüsse werden wie in Abschnitt 3.2.1.3 Datenverarbeitung sowie Abschnitt 3.3.1.6 Datenverarbeitung beschrieben verarbeitet. Das bedeutet, die kontinuierlichen Messdaten werden in Abschnitte von je 60 Sekunden eingeteilt. Darauf aufbauend werden für die statistische Betrachtung die Größen **Kinetoseausprägung [-]**, **Kopforientierung [°]**, **Kopfwinkelgeschwindigkeit (SD) [°/s]** sowie **Augenfixationsdauer [s]** und **Augenfixationsgeschwindigkeit [°/s]** mithilfe linearer Regressionsmodelle auf der Basis der unabhängigen Variablen **Bedingung, Empfindlichkeit, Stimulation** und **Zeit** analysiert.

Tabelle 3.8 Stichprobenbeschreibung (INT). (Quelle: Eigene Darstellung)

Kategorie/Merkmal	Gesamt	Niedrige Kinetoseempindlichkeit	Hohe Kinetoseempfindlichkeit
Anzahl [-]	20	7	13
Alter [Jahren]	19–37,4–62 (13,8)	21–41–62 (15,3)	19–35,5–54 (13,2)
Geschlecht [-]	11 M/9 W	5 M/2 W	6 M/7 W
MSSQ [-]	0–13,5–41,6 (11,6)	0–4,5–20,3 (7,6)	7,3–18,2–41,6 (10,6)
Kinetosehäufigkeit [Anzahl]	7 – nie 11 – selten 2 – gelegentlich	7 – nie – –	– – nie 11 – selten 2 – gelegentlich

3.4.2 Ergebnisse

Die Auswertung der Interventionsstudie erfolgt in Anlehnung an die Observationsstudie. Es wird dargestellt und verglichen, wie sich die Kinetosesymptome sowie die Kopf- und Augenparameter unter den drei Versuchsbedingungen und während der Phasen der unterschiedlichen Stimulationsintensitäten verändern. Zusätzlich wird der Einfluss der Empfindlichkeitsgruppe berücksichtigt.

3.4.2.1 Fahrzeugbewegung

Zur Überprüfung der Versuchsbedingungen wird die Fahrzeugbewegung in Form der Standardabweichungen der Längsbeschleunigung [m/s^2] je 60 Sekunden betrachtet. Es treten keine signifikanten Unterschiede zwischen den drei Bedingungen auf. Das hierfür genutzte lineare Regressionsmodel zeigt erwartungsgemäß den in Anhang N: Modell 9 im elektronischen Zusatzmaterial berichteten signifikanten Einfluss der Anregungsstufen des Fahrprofils auf den Längsbeschleunigungskennwert.

3.4.2.2 Sitzbewegung

Das Bewegungsverhalten des Sitzes wird in Anlehnung an das Vorgehen für die Fahrzeugbewegung überprüft. Als Vergleichsgröße wird die Standardabweichung je 60 Sekunden der Sitzposition [mm] der Entkopplungskinematik herangezogen. Das Ergebnis eines linearen Regressionsmodells (EZM Anhang N: Modell 10) zeigt einen signifikanten Unterschied der Bedingung C – Video Referenz ($\beta = -0.90$, 95 % CI [–0.95, –0.85], *std.* $\beta = -1.72$, $p < .001$) sowie der Bedingung D – Video App ($\beta = -0.90$, 95 % CI [–0.95, –0.85], *std.* $\beta = -1.71$, $p < .001$) zu E – Video Sitz. Die Sitzbewegungsintensität wird auch signifikant von den Profiltypen ($\beta = 0.29$, 95 % CI [0.24, 0.33], *std.* $\beta = 0.55$, $p < .001$) beeinflusst, wobei dies nur auf Bedingung E – Video Sitz zurückzuführen ist. Beide Ergebnisse bestätigen das erwartete Verhalten des entkoppelten Sitzes in Bedingung E – Video Sitz und erlauben daher die uneingeschränkte Analyse der weiteren Messgrößen.

3.4.2.3 Kinetosesymptome

Für den Kennwert der Kinetoseausprägung stehen die Messungen von 20 Personen mit je drei Fahrten zur Verfügung (Tabelle 3.9, 13 Personen mit hoher Empfindlichkeit, 7 Personen mit niedriger Empfindlichkeit). Vor Beginn der jeweiligen Versuchsfahrt wurden die in Anhang N: Tabelle 36 im elektronischen Zusatzmaterial gezeigten Vorbelastungen festgestellt und bei der Berechnung der Symptomverläufe berücksichtigt (Formel 3.1). Die Analyse der Symptomverläufe

Tabelle 3.9 Deskriptive Angaben der Kinetose- und Symptomausprägung (INT). (Quelle: Eigene Darstellung)

	C – Video Referenz		D – Video App		E – Video Sitz	
	Niedrig ($n = 77$)	Hoch ($n = 143$)	Niedrig ($n = 77$)	Hoch ($n = 143$)	Niedrig ($n = 77$)	Hoch ($n = 143$)
Kinetoseausprägung [-]						
Mittelwert (SD)	0.31 (0.65)	1.48 (1.82)	0.39 (0.96)	1.3 (1.5)	0.46 (0.75)	1.27 (2.02)
Median [Max]	0 [2.00]	1.00 [8.00]	0 [5.00]	1.00 [6.00]	0 [3.00]	0 [9.00]
Übelkeit [-]						
Mittelwert (SD)	0.09 (0.29)	0.68 (0.98)	0.14 (0.39)	0.55(0.98)	0.052(0.22)	0.57 (1.04)
Median [Max]	0 [1.00]	0 [4.00]	0 [2.00]	0 [4.00]	0 [1.00]	0 [4.00]
Schwindel [-]						
Mittelwert (SD)	0.09 (0.29)	0.56 (0.84)	0.17 (0.44)	0.49 (0.80)	0.10 (0.35)	0.52 (0.78)
Median [Max]	0 [1.00]	0 [4.00]	0 [2.00]	0 [4.00]	0 [2.00]	0 [3.00]
Kopfschmerzen [-]						
Mittelwert (SD)	0.13 (0.34)	0.25 (0.56)	0.05 (0.22)	0.31 (0.73)	0.30 (0.52)	0.2 (0.59)
Median [Max]	0 [1.00]	0 [2.00]	0 [1.00]	0 [3.00]	0 [2.00]	0 [3.00]

nach Abzug der Vorbelastung ergab vergleichbare Verläufe zu Teilnehmenden ohne Vorbelastung. Daher wird von einem Ausschluss einzelner Fahrten aufgrund von zu hohen Vorbelastungen abgesehen.

Die Analyse der Kinetoseausprägungen (Abbildung 3.26) zeigt, dass kein Einfluss der Versuchsbedingung besteht (EZM Anhang N: Modell 11). Das angewandte Regressionsmodell folgt mit Formel 3.3 dem Ansatz der Observationsstudie. Die erklärte Varianz ist mit $R^2 = 0,86$ hoch, wobei der Anteil der festen Prädiktoren bei $R^2 = 0,22$ liegt. Die Referenz bilden die Kategorien Bedingung C sowie die hohe Empfindlichkeitsgruppe. Der Effekt der Zeit pro Minute ist positiv, klein sowie signifikant ($\beta = 0.24$, 95 % CI [0.15, 0.33], std. $\beta = 0.40$, $p < .001$). Neben diesem Einfluss zeigt nur der Unterschied der Empfindlichkeitsgruppe eine Relevanz. Die Änderung durch den Interaktionseffekt aus Zeit und

Empfindlichkeit für die Gruppe Niedrig ist negativ, gering sowie signifikant (β = -0.17, 95 % CI [-0.27, -0.07], *std.* $\beta = -0.11$, $p < .001$). 12 von 13 Personen der Gruppe mit hoher Empfindlichkeit zeigten Symptome größer null. 3 von 7 Personen mit niedriger Empfindlichkeit durchliefen alle drei Bedingungen symptomfrei. Der Vergleich der Symptomausprägungen (Abbildung 3.27) zeigt für die Symptome Übelkeit und Schwindel eine Tendenz zu einer erhöhten Ausprägung in Bedingung C – Video Referenz. Statistisch sind sowohl in der gesamten Stichprobe als auch bei separater Betrachtung der hohen Empfindlichkeitsgruppe keine Unterschiede feststellbar.

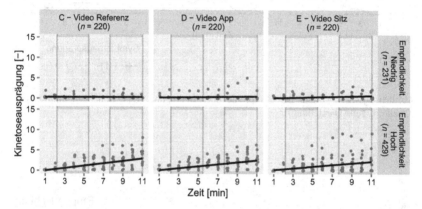

Abbildung 3.26 Verlauf der Kinetoseausprägung über Bedingung (INT) und Empfindlichkeit. (Quelle: Eigene Darstellung)

Der Einfluss der Empfindlichkeitsgruppe bestätigt sich auch für die je Versuchsfahrt gemittelten Werte (Abbildung 3.28). Der Vergleich der Kinetoseausprägung zwischen den zwei Empfindlichkeitsgruppen zeigt eine höhere Ausprägung in der Gruppe Hoch mit einem Durchschnitt von 1,37 [-] (*SD* = 1.30) gegenüber Niedrig 0,38 [-] (*SD* = 0.64) (Mann-Whitney-U-Test: $U = 213$, $p = .002$, $r = 0.39$, $n_1 = 39$, $n_2 = 21$).

3.4.2.4 Kopfkennwerte

Der Kennwert der Kopforientierung (EZM Anhang N: Tabelle 37) zeigt im Mittel über alle Bedingungen eine Ausrichtung von $\varphi = 5,14°$ (*SD* = 6,00) unterhalb der horizontalen Ebene. Es sind weder Unterschiede hinsichtlich der

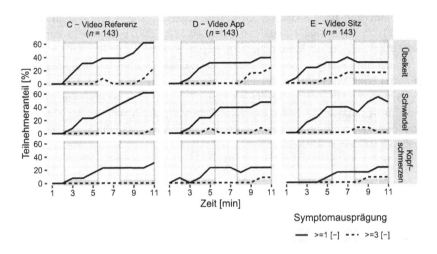

Abbildung 3.27 Verlauf der Symptome über Bedingung (INT, hohe Empfindlichkeit). (Quelle: Eigene Darstellung)

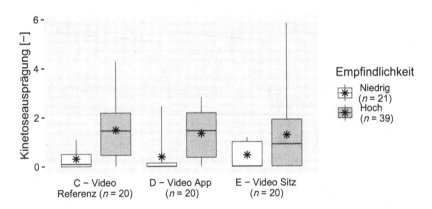

Abbildung 3.28 Kinetoseausprägung über Bedingung (INT) und Empfindlichkeit. (Quelle: Eigene Darstellung)

Versuchsbedingung noch aufgrund der Empfindlichkeitsgruppe vorhanden (Abbildung 3.29 beziehungsweise EZM Anhang N: Tabelle 38, Modell 12). Ein Anteil der erklärten Varianz von $R^2 = 0{,}95$ des Regressionsmodells gegenüber $R^2 = 0{,}02$ der festen Prädiktoren verdeutlicht einen hohen individuellen Einfluss der Teilnehmenden.

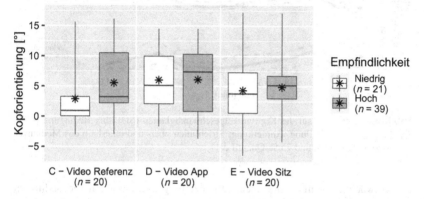

Abbildung 3.29 Kopforientierung über Bedingung (INT) und Empfindlichkeit. (Quelle: Eigene Darstellung)

Die Analyse der Kopfwinkelgeschwindigkeiten (SD) (Abbildung 3.30) mithilfe eines linearen Regressionsmodells (EZM Anhang N: Abbildung 63 beziehungsweise EZM Anhang N: Modell 13) zeigt keine Unterschiede zwischen den Bedingungen und Empfindlichkeitsgruppen. Die hohe Anregung durch das Fahrzeug in den Phasen Profil B führt zu einer signifikanten Erhöhung der Kopfwinkelgeschwindigkeit (SD) von $\omega = 1{,}13°$/s (95 % CI [0.98, 1.29], $std.\ \beta = 0.65$, $p < .001$).

Die Veränderungen der hochfrequenten Kopfwinkelgeschwindigkeit für die Bedingungen der Interventionsstudie sind in Abbildung 3.31 dargestellt. Der Vergleich der drei Versuchsbedingungen Video Referenz, Video App und Video Sitz ergibt zum Zeitpunkt T_0 ein einheitliches Verhalten. Der Verlauf entspricht einem Anstieg der Kopfwinkelgeschwindigkeit vor T_0, der mit der Veränderung der Fahrzeugbewegung nach T_0 in eine negative Ausprägung übergeht. Im weiteren Verlauf ist eine Veränderung für die Bedingung E – Sitz gegenüber den Bedingungen C und D erkennbar. Circa $t = 250$ ms nach dem Referenzpunkt T_0 tritt eine leichte Reduzierung sowie bei $t = 600$ ms eine leichte Überhöhung der Kopfwinkelgeschwindigkeit unter Bedingung E – Video Sitz auf. In

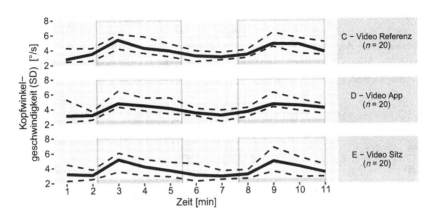

Abbildung 3.30 Verlauf der Kopfwinkelgeschwindigkeiten (SD) über Bedingung (INT). (Quelle: Eigene Darstellung. Anmerkung: Strichlinien ober- und unterhalb des Medianverlaufs stellen das 25 %- und 75 %-Quantil dar)

abgeschwächter Form ist die leichte Reduzierung auch in der unter Bedingung C zu beobachten, wobei die Ausprägung deutlich geringer ausfällt. Eine automatisierte Auswertung der individuellen Kopfwinkelgeschwindigkeiten wie in der Auswertung der Observationsstudie (Abschnitt 3.3.2.3) konnte anhand der Datensätze der Interventionsstudie nicht umgesetzt werden, da die individuellen Verläufe keine verallgemeinerbaren Unterschiede aufwiesen, die die Anwendung einer Schwellenwertdetektion nahegelegt hätten.

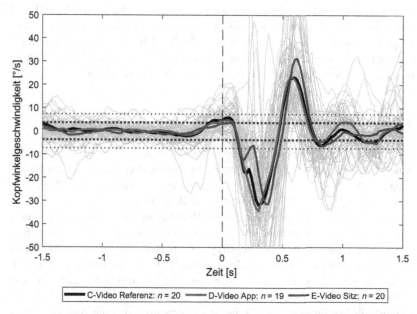

Abbildung 3.31 Vergleich der Kopfwinkelgeschwindigkeiten über Bedingung (INT). (Quelle: Eigene Darstellung. Anmerkung: Hervorgehobene Mittelwerte für die drei Bedingungen, vertikale Linie entspricht Zeitpunkt T_0, zusätzliche Erläuterungen bei Abbildung 3.15)

3.4.2.5 Augenkennwerte

Die minütlich gemittelte Augenfixationsdauer (EZM Anhang N: Abbildung 64) zeigt anhand des linearen Regressionsmodells (EZM Anhang N: Modell 14) keine Abhängigkeit von den betrachteten Variablen der Bedingung, Empfindlichkeit oder Stimulation. Die Augenfixationsdauer über alle Bedingungen beträgt im Median $t = 308$ ms ($SD = 138$) (EZM Anhang N: Tabelle 39). In Anlehnung an die Auswertung der Observationsstudie werden auch die Fixationsdauerhäufigkeitsverteilungen betrachtet (EZM Anhang N: Abbildung 66). Sie liegen im Mittel bei $t = 449$ ms ($SD = 173$) und Variieren von $t = 220$ ms bis $t = 900$ ms (EZM Anhang N: Tabelle 41). Der Vergleich für die Bedingungen in Interaktion mit den Empfindlichkeitsgruppen zeigt ebenfalls keine signifikanten Einflüsse der vorhandenen Prädiktoren auf die Mediane (EZM Anhang N: Modell 15). Die Analyse der Augenfixationsgeschwindigkeit (EZM Anhang N: Abbildung 67, Tabelle 39, Tabelle 40) in Form des linearen Regressionsmodells (EZM Anhang N: Modell 16) zeigt einen signifikanten Einfluss durch die dynamische Stimulation des Fahrzeugs mit einem Anstieg um $\omega = 0{,}52°/s$ (95 % CI [0.35, 0.68], *std.* $\beta = 0.27$, $p < .001$) in Profiltyp B. Diese Veränderungen sind in Anhang N: Abbildung 68 im elektronischen Zusatzmaterial im zeitlichen Verlauf dargestellt.

3.4.3 Diskussion

Die durchgeführte Untersuchung ergab bei 16 von 20 Personen eine leichte Kinetoseausprägung bei reiner longitudinaler Provokation. Gegenüber der Bedingung C – Video Referenz führen die theoriegeleiteten Interventionen Bedingung D – Video App (visuelle Intervention) und Bedingung E – Video Sitz (kinetische Intervention) zu keiner zusätzlichen Reduzierung der Kinetoseausprägung. Eine bedeutende Erkenntnis für den getesteten Prototyp in Bedingung E – Video Sitz hinsichtlich Forschungsfrage 3 ist, dass die aktive Manipulation keine Veränderung der Kopfwinkelgeschwindigkeit bewirkt. Die hohe Empfindlichkeitsgruppe ($n = 13$) zeigt neben der Kinetoseausprägung auch in dem Kennwert der Augenfixationsgeschwindigkeit einen Unterschied gegenüber der unempfindlichen Gruppe ($n = 7$). Für die Kopfwinkel- und die Augenfixationsgeschwindigkeiten kann ein eindeutiger Einfluss der dynamischen Stimulation durch das Fahrzeug (Fahrprofiltyp A und B) erkannt werden. Zur Einleitung in die Diskussion sind die Ergebnisse der Interventionsstudie ($N = 20$) für die jeweiligen Kenngrößen (abhängigen Variablen) nach Gruppen (unabhängigen Variablen) in Abbildung 3.32 zusammengefasst. Diese Darstellung basiert auf den in Abschnitt 3.4.2 vorgestellten Berechnungen der je Versuchsfahrt gemittelten Werte.

3.4.3.1 Kinetosesymptome

Forschungsfrage 3 fragt nach dem Einfluss der Interventionen auf die Interaktion zwischen Mensch und Fahrzeug. Die zwei betrachteten Interventionen führen zu keiner signifikanten Reduzierung von Kinetose. Eine weitere Erkenntnis ist die hohe Bedeutung der mittleren Kinetosekritikalität einer experimentellen Untersuchung. Für die Bewertung von Interventionen, im Besonderen in einer frühen technischen Entwicklungsphase, sollten Situationen erzeugt werden, in denen starke Reaktionen einer Kinetose auftreten. Dies gelingt gut in Bedingung B – Video der Observationsstudie, da die Symptomausprägungen die Grenze des Abbruchkriteriums erreichen.

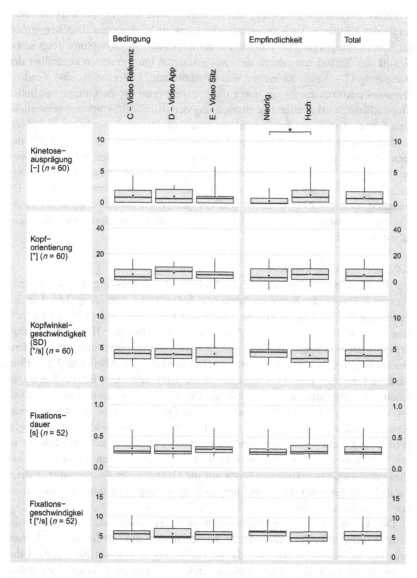

Abbildung 3.32 Ergebnisübersicht (Fahrtenmittelwerte) (INT). (Quelle: Eigene Darstellung. Anmerkung: Siehe Abbildung 3.19)

Hinsichtlich der Verbesserung des Nutzerkomforts steht bei der Interventionsstudie der Vergleich der Kinetoseausprägungen im Vordergrund. Die Kenngröße
der Kinetoseausprägung als Summation der erhobenen drei Symptome zeigt keine
signifikante Veränderung durch die zwei getesteten Interventionen gegenüber der
Bedingung C – Video Referenz. Wie in Abbildung 3.27 gezeigt, sind Tendenzen eines positiven Einflusses durch die Interventionen für die Gruppe mit hoher
Empfindlichkeit erkennbar. Die Betrachtung der einzelnen Symptome ermöglicht
eine feinere Auflösung. Im Besonderen treten für Personen der hohen Empfindlichkeitsgruppe bei dem Symptom Übelkeit geringe Reduzierungen durch die
Interventionen (Bedingungen D – Video App und E – Video Sitz) gegenüber
der Bedingung C – Video Referenz auf. Aufgrund der quantitativ geringen Differenzen im Wert der aufsummierten Kinetoseausprägung von $-0,13$ (C zu D)
beziehungsweise $-0,11$ (C zu E) und der geringen Stichprobe ($n = 13$) werden diese Beobachtungen neben der fehlenden statistischen Signifikanz als nicht
robust bewertet.

3.4.3.2 Kopfkennwerte

Die Kenngröße der Kopforientierung basiert auf der Messung der Beschleuni-
gung in Richtung der Körperhochachse (z-Achse, siehe Abbildung 2.6). Für die
Bedingungen C – Video Referenz ($4,6°$) und E – Video Sitz ($4,7°$) ergibt sich
eine leicht nach unten geneigte Ausrichtung gegenüber der Horizontalen. Das
Ergebnis der Bedingung D – Video App weicht gering durch eine etwas tiefere
Orientierung ($6,1°$) von den übrigen zwei Bedingungen ab (Abbildung 3.29). Eine
Ursache für diese Tendenz könnte der am unteren seitlichen Bildrand gezeigte
Inhalt der Fahrzeugumfeldanzeige sein. Die Abweichung stellt einen Einfluss
der visuellen Intervention dar, nach dem mit Forschungsfrage 3 unter anderem
gesucht wird. Hierbei ist jedoch zu berücksichtigen, dass es sich um eine sehr
geringe und nicht signifikante Änderung handelt. Die Standardabweichungen in
den Bedingungen entsprechen in etwa dem drei bis vierfachen dieser Differenz.
Diese starken Schwankungen können auf die Dynamik der Fahrsituation, individuelle Präferenzen bei der Ausrichtung und die anthropometrische Beschaffenheit
der Teilnehmenden zurückgeführt werden.
    Die Übersicht der Kopfwinkelgeschwindigkeit (EZM Anhang N: Abbil-
dung 63) zeigt keine Unterschiede zwischen den drei Bedingungen. Dieses
Ergebnis ist besonders relevant, da die Bedingung E – Video Sitz speziell die
Reduzierung der Kopfnickbewegungen erreichen sollte. Im Rahmen der erhobenen Daten kann die Ursache für den fehlenden Einfluss nicht ermittelt werden.
Die Betrachtung einzelner Beschleunigungsphasen in hochfrequenter Auflösung
(50 Hz) zeigt für die drei Versuchsbedingungen keine markanten Unterschiede

(Abbildung 3.31). Die Kopfwinkelgeschwindigkeiten unter den Interventionsbedingungen sind zum Zeitpunkt T_0 (T_0 entspricht dem Zeitpunkt des markant ansteigenden Fahrzeugrucks) hinsichtlich des Schwellenwertes der zweifachen Standardabweichung nicht stark ausgeprägt. Auffällig ist eine Abweichung der Kopfwinkelgeschwindigkeit für die Bedingung E – Sitz zum Zeitpunkt $t = 250$ ms nach T_0. Entgegen der erwarteten Vermeidung der Kopfbewegung durch die aktive Entkopplung des Sitzes ist diese Abweichung zur Referenzbedingung nur marginal. Die Steuerung der aktiven Sitzbewegung wurde ohne Prädiktion umgesetzt, wodurch die gegenüber dem Fahrzeugruck verzögerte Reaktion der Kopfbewegung plausibel erscheint. Eine Ursache für die geringe Beeinflussung der Bewegung kann die aktive muskuläre Kompensation der resultierenden Stimulation sein. Die Analyse der Interaktion mithilfe der kopfgetragenen Messeinheit ermöglicht es, die Bewegungsmuster quantitativ zu beschreiben. Das Ergebnis zeigt, dass die beschleunigungsgesteuerte Sitzentkopplung keinen nennenswerten Effekt zeigt. Die Anwendung der automatisierten Auswertung (EZM Anhang O) der zeitlichen Differenzen erwies sich als fehleranfällig und konnte für Bedingungen C, D und E nicht durchgeführt werden.

3.4.3.3 Augenkennwerte

Hinsichtlich der Fixationsdauer der Augen tritt über alle drei Bedingungen eine ähnliche Höhe von etwa 308 ms ($SD = 138$) auf. Diese Dauer ist plausibel für die Betrachtung von Videos (Tabelle 2.3). Einflüsse der Interventionen oder Empfindlichkeitsgruppe können nicht beobachtet werden. Im Detail führt die zusätzliche digitale Anzeige des Fahrzeugumfelds zu keiner Veränderung im zeitlichen Verhalten der Augenbewegungen. Anhand der gewählten Methodik ohne Blickrichtungsanalyse kann hieraus keine Aussage für die räumliche Verteilung gebildet werden. Die visuelle Interventionsbedingung (D) bietet den Teilnehmenden die zwei Betrachtungsräume der Videoanzeige und der Umfeldanzeige. Optional konnte die experimentelle Aufgabe auch unterbrochen und der Blick auf die reale Fahrzeugumgebung gerichtet werden. Diese visuelle Komplexität der Versuchsbedingung scheint nicht in der zeitlichen Komponente der Fixationsdauer abgebildet zu werden. Aufgrund der steigenden Belastung können Kompensationsstrategien das Blickverhalten verändern, die ohne räumliche Auflösung nicht analysiert werden können.

Unterschiede in den Augenfixationsgeschwindigkeiten zwischen den Empfindlichkeitsgruppen sind nicht signifikant. Die Ergebnisse zeigen für die Gruppe mit hoher Empfindlichkeit die Tendenz zur Reduzierung der Augenfixationsgeschwindigkeit (EZM Anhang N: Abbildung 69). Diese Tendenz ist proportional zum

Einfluss der Gruppen für den ebenfalls nicht signifikanten Unterschied der Kopf-winkelgeschwindigkeit (SD) (EZM Anhang N: Abbildung 63). Eine Bestätigung dieser nicht signifikanten Tendenz in weiteren Untersuchungen würde bedeuten, dass unempfindliche Personen niedrige Kinetose-Symptomreaktionen bei gleich-zeitig höherer Dynamik der Augen- sowie Kopfbewegung zeigen. Dieser Zusam-menhang steht im Gegensatz zu bisherigen Beobachtungen (Abschnitt 2.3.3). Neben dem Ursprung des proportionalen Verhaltens im VOR widerspricht der Zusammenhang mit der Empfindlichkeitsgruppe der Erwartung. Theoriegeleitet sollte eine geringere dynamische Stimulation zu geringeren Kinetosesympto-men führen. Die Stimulationsänderung anhand der Fahrprofile erzeugt eine Bewegungsvariation, die dieser Erwartung entspricht.

3.4.3.4 Allgemeine Anmerkungen zur Interventionsstudie

Aufgrund der Anwendung des Stop-and-Go-Szenarios mit einer einheitlichen dynamischen Stimulation ist die Vergleichbarkeit beider Fahrversuche (Observa-tionsstudie (Abschnitt 3.3) und Interventionsstudie (Abschnitt 3.4)) gewährleistet. Es zeigt sich, dass diese Methode zur Erzeugung der Anregung eine sehr hohe Reproduzierbarkeit erzeugt (vergleiche Abschnitt 3.4.2.1 Fahrzeugbewegung). In Einzelfällen ($n = 5$) hat das Assistenzsystem ACC die Verzögerungssituation als kritisch eingestuft und eine Gefahrenbremsung vollzogen. Dies führte dazu, dass der Sicherheitsfahrer das ACC-System reaktivieren musste. Aufgrund der hohen Anzahl an Beschleunigungs- und Bremsvorgängen in den 11-minütigen Fahrten werden diese Eingriffe als vernachlässigbar für das Ergebnis eingestuft.

Die Besonderheit der Rekrutierung von Teilnehmenden aus dem Kreis der ersten Studie erlaubt einen plausiblen Vergleich der Ergebnisse aller fünf Bedin-gungen. Es ist jedoch zu berücksichtigen, dass zwischen den Versuchszeiträumen (24.02.2016 bis 23.03.2016 beziehungsweise 14.08.2017 bis 22.08.2017) circa 17 Monate liegen. Zur Erstbewertung der Konzepte im Rahmen der Interventionsstu-die wurde aus versuchsökonomischen Gründen eine geringere Stichprobengröße als in der Observationsstudie gewählt. Es ergibt sich für die Gruppe der hohen Kinetoseempfindlichkeit in der Interventionsstudie im Mittel eine geringe Redu-zierung der Prädiktoren MSSQ-Short-Wert und Kinetosehäufigkeit gegenüber der Observationsstudie (Vergleich Tabelle 3.4 zu Tabelle 3.8). Da die Aussagekraft einer Kinetosestudie in Abhängigkeit zur Empfindlichkeit der Teilnehmenden steht, können neben der Reduzierung der Prädiktoren auch vielfältige individu-elle Veränderungen in den Alltagsgewohnheiten oder gesundheitliche Aspekte mögliche Ursachen für die verringerte Kinetoseausprägung in der Interventions-studie sein. Im Weiteren ist davon auszugehen, dass eine gewisse Gewöhnung an das Versuchsszenario stattgefunden hat, da die Teilnehmenden es mehrfach durchlaufen haben. Diese Gewöhnung ist aufgrund der Versuchsgestaltung im Within-Subject-Design unvermeidbar und wurde durch die Randomisierung der Bedingungen der Interventionsstudie berücksichtigt.

3.5   Vergleich von Observations- und Interventionsstudie

Aufbauend auf den Ergebnissen der Observationsstudie Stop-and-Go und der Interventionsstudie Stop-and-Go, die bisher nur innerhalb der einzelnen Studien betrachtet und diskutiert wurden, erfolgt im folgenden Abschnitt eine übergreifende Analyse. Für einen Vergleich der Mensch-Fahrzeug-Interaktionen beider Studien werden alle fünf Bedingungen als Messwiederholungen analysiert. Hierfür wird ein Datensatz aus allen Versuchsdurchläufen erstellt, für die vollständige Messungen bei den Teilnehmenden vorliegen.

3.5.1   Ergebnisse

In Anlehnung an die vorherigen Auswertungen wird nun dargestellt, wie sich die Kinetosesymptome, die Kopf- und die Augenparameter im Vergleich zwischen den fünf Bedingungen und den zwei Empfindlichkeitsgruppen über beide Studien verändern. Der Vergleich erfolgt mit 20 Personen (13 hohe Empfindlichkeit, 7 niedrige Empfindlichkeit). Aufgrund von fehlerhaften Messungen bei einzelnen Parametern treten Abweichungen in den Größen der Datensätze auf. Die Abweichungen sind in den Abbildungen und Berechnungen angegeben. Die Regressionsanalyse der Ergebnisse erfolgt in zwei Varianten. In einer Variante wird die Bedingung B – Video und in der zweiten Bedingung A – Außensicht als Referenz festgelegt. Dies ermöglicht die Interpretation der Veränderungen durch die Bedingungen der Interventionsstudie gegenüber der jeweiligen Referenz.

3.5.1.1   Kinetosesymptome

Für die reduzierte Stichprobe von 20 Teilnehmenden ist der zeitliche Anstieg der Kinetoseausprägung pro Minute (EZM Anhang P: Tabelle 42) nach Formel 3.3 für die Bedingung B – Video (EZM Anhang P: Abbildung 72) signifikant größer als null ($\beta = 0.46$, 95 % CI [0.36, 0.56], $std.\ \beta = 0.70$, $p <.001$). Die erklärte Varianz des hierfür genutzten Regressionsmodells (EZM Anhang P: Modell 17) ist mit $R^2 = 0{,}87$ hoch, wobei der Anteil der festen Prädiktoren bei $R^2 = 0{,}32$ liegt. Die Referenz bilden die Kategorien Bedingung B sowie die hohe Empfindlichkeitsgruppe. Der Vergleich von B – Video ergibt für jede der vier weiteren

Bedingungen signifikante Reduzierungen (Tabelle 3.10). Darüber hinaus zeigt auch die Zuordnung der Empfindlichkeitsgruppe einen signifikanten Einfluss auf die Kinetoseausprägung.

Tabelle 3.10 Parameter des Regressionsmodels zu Kinetoseausprägung (OBS/INT). (Quelle: Eigene Darstellung)

Parameter	β	95 % CI	std. β	p
Zeit: Bedingung A – Außensicht	–0.27	[–0.41, –0.14]	–0.38	<.001
Zeit: Bedingung C – Video Referenz	–0.21	[–0.34, –0.07]	–0.26	.003
Zeit: Bedingung D – Video App	–0.22	[–0.36, –0.08]	–0.29	.001
Zeit: Bedingung E – Video Sitz	–0.23	[–0.36, –0.09]	–0.32	.001
Zeit: Empfindlichkeit Niedrig	–0.20	[–0.29, –0.11]	–0.39	<.001

Die Analyse der Kinetoseausprägung mit der Referenz A – Außensicht zeigt auch einen Anstieg der signifikant größer als null ist. Die Koeffizienten der Bedingungen C, D und E sind positiv (EZM Anhang P: Modell 18). Demnach ist der Kinetose-Anstieg unter diesen Bedingungen tendenziell stärker als in Bedingung A – Außensicht, wobei die Unterschiede als nicht signifikant eingestuft werden. Die in Abbildung 3.33 gezeigten Mittelwerte je Fahrt veranschaulichen die Ausprägungen der Bedingungen, wobei sich diese für die Bedingungen A und B aufgrund der geänderten Stichprobe von Abbildung 3.11 unterscheiden.

3.5.1.2 Kopfkennwerte

Aufgrund von Messfehlern fehlt eine Messfahrt unter der Bedingung B – Video für die Analyse der Kopfdynamik. Die Kopforientierungen der Observationsstudie mit circa $\varphi = 0°$ (A – Außensicht) und $\varphi = 16°$ (B – Video) bilden die Extrema über die fünf Bedingungen. Die Orientierungen auf das fest positionierte Display in der Interventionsstudie liegen bei den Bedingungen C – Video Referenz ($\varphi = 5°$), D – Video App ($\varphi = 6°$) und E – Video Sitz ($\varphi = 5°$) zwischen den zwei Ausrichtungen der Observationsstudie (EZM Anhang P: Abbildung 74). Die Analyse der Kopforientierung anhand linearer Regressionsmodelle (EZM Anhang P: Modell 19 und Modell 20) bestätigt signifikante Unterschiede zwischen der Bedingung A – Außensicht und C, D und E beziehungsweise B – Video und C, D und E. Die Kopfwinkelgeschwindigkeit (SD) zeigt keine Abhängigkeiten von den Versuchsbedingungen oder den Empfindlichkeitsgruppen. Die Werte der Bedingungen in der Interventionsstudie liegen unterhalb der Werte bei Bedingungen A – Außensicht und B – Video (EZM

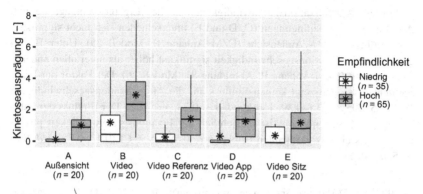

Abbildung 3.33 Kinetoseausprägung über Bedingung (OBS/INT) und Empfindlichkeit. (Quelle: Eigene Darstellung. Anmerkung: Die Elemente Stern, horizontale Linie, vertikale Line kennzeichnen den Mittelwert, Median und den Datenbereich vom 0 %- bis 100 %-Perzentil in dieser Reihenfolge)

Anhang P: Abbildung 76). Einen signifikanten Einfluss auf die Kopfwinkelgeschwindigkeit (SD) unter allen fünf Bedingungen zeigen die zwei dynamischen Fahrprofiltypen A und B (EZM Anhang P: Modell 21 beziehungsweise Modell 22). Der Faktor der Empfindlichkeitsgruppe zeigt keinen signifikanten Einfluss auf die Kopfkennwerte.

3.5.1.3 Augenkennwerte

Für den Vergleich über beide Studien für die Kenngrößen Fixationsdauer und Fixationsgeschwindigkeit ergeben sich die in Tabelle 3.11 gezeigten Werte. In der Bedingung B – Video treten mit $t = 298$ ms über beide Empfindlichkeitsgruppen kürzere Fixationen gegenüber den Bedingungen A, C, D und E mit einem Median von $t = 459$ ms auf (EZM Anhang P: Abbildung 78). Die Analyse in Form der Regressionsmodelle ergibt für die Fixationsdauer signifikante Unterschiede zwischen den Bedingungen D und E zur Bedingung B – Video (EZM Anhang P: Modell 23). Die Kennwerte in den Bedingungen der Interventionsstudie unterscheiden sich nicht signifikant von den Ausprägungen der Bedingung A – Außensicht (EZM Anhang P: Modell 24). Es zeigt sich für die Häufigkeitsverteilungen je Fahrt (EZM Anhang P: Tabelle 45), dass die Gruppe mit hoher Empfindlichkeit in Bedingung A Fixationsdauern auf einem vergleichbaren Niveau wie in den Interventionsbedingungen erzeugen (EZM Anhang P: Abbildung 80).

Für die Augenfixationsgeschwindigkeiten ist das Ergebnis entgegengesetzt. Alle Interventionsbedingungen (C, D und E) unterschieden sich nicht signifikant von Bedingung A – Außensicht (EZM Anhang P: Modell 25). Unter Bedingung B ist die Fixationsgeschwindigkeit signifikant höher als unter allen anderen Bedingungen (EZM Anhang P: Abbildung 81, Modell 26). Der Faktor der Empfindlichkeitsgruppe zeigt keinen Einfluss auf die Augenfixationsgeschwindigkeit ($\beta = 0.52$, 95 % CI [–0.39, 1.44], *std.* $\beta = 0.23, p = .262$). Der Einfluss der Fahrprofilphase B gegenüber A ist hinsichtlich der Fixationsgeschwindigkeit positiv mit einem kleinen signifikanten Effekt ($\beta = 0.58$, 95 % CI [0.43, 0.72], *std.* $\beta = 0.25, p < .001$).

Tabelle 3.11 Deskriptive Angaben der Augenparameter (OBS/INT). (Quelle: Eigene Darstellung)

	Fixationsdauer [ms]		Fixationsgeschwindigkeit [°/s]	
Bedingung	Median	*SD*	Mittelwert	*SD*
A – Außensicht	454	251	6,62	2,50
B – Video	298	138	8,33	2,68
C – Video Referenz	458	215	5,56	1,91
D – Video App	463	233	5,64	1,96
E – Video Sitz	464	216	5,48	1,86

3.5.2 Diskussion

Zum Abschluss der durchgeführten Fahrversuche sind in Anlehnung an die Darstellungen der Ergebnisse aus der Observations- (Abbildung 3.19) und Interventionsstudie (Abbildung 3.32) die Fahrtenmittelwerte aller Bedingungen zur Einleitung in die Diskussion in Abbildung 3.34 dargestellt.

Die Verläufe der Kinetoseausprägung zeigen, dass es unter den getesteten Bedingungen der Interventionsstudie zu einer Reduzierung der Symptome und damit einem abgemilderten Kinetoseverlauf gegenüber der Benutzung eines frei in der Hand gehaltenen Tablet-PCs (Bedingung B – Video) kommt. Die Interventionen Sitz und App führen zu keiner signifikanten Reduzierung der Ausprägung. Die Ergebnisse der Kinetosesymptome entsprechen der Erwartung an die höhere Position des Displays (Diels et al., 2016b, S. 20; Kuiper et al., 2018, S. 173). Die Untersuchung von Diels et al. (2016b, S. 20) zeigt durch die höhere Anordnung eine Reduzierung der Symptome um etwa die Hälfte. In der höheren Anordnung

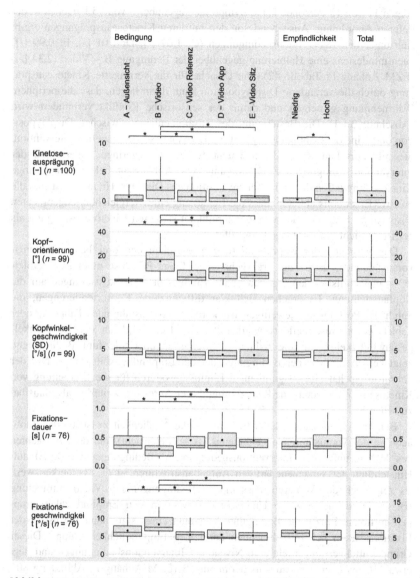

Abbildung 3.34 Ergebnisübersicht (Fahrtenmittelwerte) (OBS/INT). (Quelle: Eigene Darstellung. Anmerkung: siehe Abbildung 3.19)

zeigen 11 von 15 Personen keine Symptome gegenüber 6 von 15 Personen in der tieferen Anordnung. Ausgehend von den mittleren Kinetoseausprägungen ergibt sich unter den Interventionsbedingungen (C: 1.07 [-], D: 1.01 [-], E: 0.99 [-]) auch mindestens eine Halbierung gegenüber der Bedingung B – Video (2,34 [-]) (EZM Anhang P: Tabelle 42). Die Ursache für die verringerte Kinetoseausprägung durch die veränderte Displayposition kann darin liegen, dass die periphere Wahrnehmung gesteigert und damit der sensorische Konflikt vermindert wird (Abschnitt 2.1.1). Die Bestätigung des Zusammenhangs zwischen Displayposition und Kinetoseausprägung ergänzt die Erkenntnisse zur visuellen Intervention, die mit Forschungsfrage 3 untersucht wurde. Der geringe Unterschied der Interventionsbedingungen zu Bedingung A – Außensicht belegt eine geringe Kinetosestimulation durch die höhere Position des Displays. Hieraus lässt sich die positive Erkenntnis ableiten, dass die Benutzung eines vergleichbar angebrachten Displays im Stop-and-Go zu keiner signifikant stärkeren Kinetoseausprägung als bei freier Sicht auf die Umgebung führt.

Der Vergleich der Kopforientierungen zwischen den drei Fokuspunkten – vorausfahrendes Fahrzeug, frei gehaltener Tablet-PC, fest montierter Tablet-PC – plausibilisiert den ergonomischen Einfluss dieser Fokussierungen auf die Kopfausrichtung. Es ergeben sich klar differenzierte Kopforientierungen, die durch die Position des jeweiligen Blickobjekts (vorausfahrendes Fahrzeug oder Tablet) ergonomisch erklärt werden können. Der Vergleich der Kopfwinkelgeschwindigkeiten für die reduzierte Stichprobe über alle fünf Bedingungen zeigt keinen Einfluss der Bedingung oder der Empfindlichkeitsgruppe. Nur der Fahrprofiltyp hat einen signifikanten Einfluss, wodurch für die Erarbeitung von Kinetoseinterventionen eine Reduzierung dieser Anregung weiterhin als plausibel zu sehen ist.

Bei der Augenfixationsdauer tritt eine starke Ähnlichkeit zwischen der Beobachtung des vorausfahrenden Fahrzeugs (A – Außensicht) und dem Betrachten des Videos unter den Interventionsbedingungen (Bedingungen C, D, E) auf. Hinsichtlich der verschiedenartigen Aufgabenstrukturen ist dies bemerkenswert. Es zeigt sich des Weiteren, dass in den Bedingungen mit Video-Betrachtung (B, C, D, E) nur geringe Unterschiede zwischen den Empfindlichkeitsgruppen auftreten. Einzig die Bedingung A erzeugt einen signifikanten Anstieg der Fixationsdauern bei Teilnehmenden der hohen Empfindlichkeitsgruppe. Dieser Gruppemittelwert entspricht dem Niveau der Interventionsbedingungen und liegt etwa 160 ms über der Dauer in Bedingung B (EZM Anhang P: Abbildung 80). Da die technischen Interventionen der Bedingungen D und E keine Änderung gegenüber der Referenzbedingung C aufzeigen, ist anzunehmen, dass die geänderte Displayposition eine Ursache für die Abweichung zu B bildet. Die hohe

Displayposition führt nur zu einer geringen Kopfneigung von etwa 5° gegenüber der Ausrichtung in Bedingung B mit 16°. Diese Veränderung steigert den visuell wahrnehmbaren Anteil der Fahrzeugumgebung oberhalb des Displays. In Anlehnung an Untersuchungen zur Betrachtung von natürlichen Szenen kann angenommen werden, dass ein gesteigerter Informationsgehalt außerhalb des fovalen Sehbereichs zum Anstieg der Fixationsdauer führt. Zwei eigenständige Untersuchungen (Cajar et al., 2016, S. 194; Laubrock et al., 2013, S. 17) ergeben, dass die Mechanismen zur Steuerung der Fixationsdauern durch den Informationsgehalt im peripheren und fovealen Sichtbereich beeinflusst werden. Die Fixationsdauer in den Interventionsbedingungen liegt aufgrund der parallelen Wahrnehmung von Videoinformationen im fovealen Sehbereich und zum Beispiel räumlicher Orientierungsinformation außerhalb des fovealen Sehbereichs signifikant über der ausschließlichen Video-Betrachtung in Bedingung B. Der fehlende Einfluss der Empfindlichkeitsgruppe beziehungsweise des in Abschnitt 3.3.3.3 angesprochenen räumlichen Vorstellungsvermögens kann weiterhin mit der vom Video ausgehenden externen Reizveränderung begründet werden. Die beschriebenen Zusammenhänge bilden einen ersten Erklärungsansatz basierend auf den Beobachtungen der realen Pkw-Versuche. Vergleichbare experimentale Bedingungen in kontrollierten Umgebungen sowie bei Verwendung von Messmethodik wie Blickerfassung müssen zur Überprüfung der Annahmen unternommen werden. Möglicherweise kann auch die veränderte Ergonomie bei der tiefen Blickausrichtung unter Bedingung B sowie eine hierdurch gesteigerte Blickunterbrechung eine Ursache für die Abweichungen liefern.

Der Kennwert der Augenfixationsgeschwindigkeit zeigt hinsichtlich der Versuchsbedingungen ähnlich der Fixationsdauer keinen Unterschied zwischen den Bedingungen A, C, D und E. Bedingung B – Video führt demgegenüber zu signifikant höheren Geschwindigkeiten als die vorab genannten. Für beide Augenparameter stellt Bedingung B das Extrem dar, wobei dieses Muster im Gegensatz zu den Ergebnissen der Observationsbedingungen nicht mit Interaktionen der Kopfwinkelgeschwindigkeit zu erklären ist. Für den Einfluss der Fahrprofilphasen hingegen kann wiederholt eine Interaktion der Kopfwinkelgeschwindigkeit und der Augenfixationsgeschwindigkeit beobachtet werden. Die Erklärung dieses Verhaltens mithilfe des vestibulookulären Reflexes zur Blickstabilisierung ist aufgrund dieser gegensätzlichen Ergebnisse zu hinterfragen. Möglicherweise führen biomechanische Bewegungsfreiheiten als Folge der geänderten Kopforientierung in den Interventionsbedingungen zu einer Verlangsamung der Augenbewegungen. Bei Betrachtung beider Augenparameter im Vergleich von Bedingung B – Video mit den übrigen vier Bedingungen ist eine Verringerung der Augenfixationsdauer bei gleichzeitiger Steigerung der Fixationsgeschwindigkeit zu beobachten. Erneut

tritt ein ähnliches Verhalten der Augenbewegungsparameter für die Interventionsbedingungen und Bedingung A – Außensicht auf. Es ist daher zu schlussfolgern,
dass die Aufgabe der Videobeschäftigung keine ausreichende Begründung für dieses Augenbewegungsmuster darstellt, sondern nur in Kombination mit der tiefen
Position des Displays in Bedingung B auftritt.

Zusammenfassung und Ausblick 4

Die empirischen Untersuchungen lieferten Erkenntnisse zu Aspekten des Auftretens von Kinetose im Pkw. Entsprechend dem übergeordneten Forschungsziel wurde ein nutzerzentrierter Evaluationsprozess von Kinetose im Pkw erarbeitet und erfolgreich angewandt.

 Systematische Identifikation von Interventionsmaßnahmen gegen Kinetose im Pkw unter Beachtung der Mensch-Fahrzeug-Interaktion.

Anhand der systematischen Beobachtung der Mensch-Fahrzeug-Interaktion gelingt es erstmalig, die Notwendigkeit von Interventionsmaßnahmen für die Fahrt im Stop-and-Go-Verkehr empirisch zu belegen. Es werden Maßnahmen für diese Situation identifiziert und hinsichtlich ihrer Wirksamkeit bewertet. Im Folgenden werden die gewonnenen Erkenntnisse je Forschungsfrage zusammengefasst. Als Extrakt aus der Arbeit werden nach einer Betrachtung der Limitationen der Arbeit, Theoretisch-methodische Implikationen und Ausblick sowie Praktische Implikationen und Ausblick abgeleitet (Abbildung 4.1).

Ergänzende Information Die elektronische Version dieses Kapitels enthält Zusatzmaterial, auf das über folgenden Link zugegriffen werden kann https://doi.org/10.1007/978-3-658-41948-6_4.

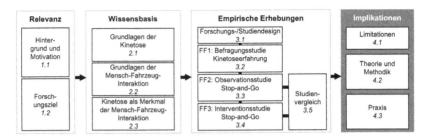

Abbildung 4.1 Aufbau der Arbeit (Kapitel 4). (Quelle: Eigene Darstellung)

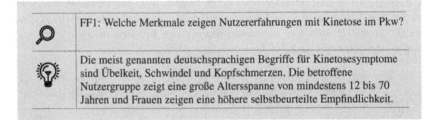

Zur Beantwortung von Forschungsfrage 1 wurden individuelle Erfahrungen im Umgang mit Kinetose untersucht. Es konnten Begrifflichkeiten für Kinetosesymptome aus Sicht der Betroffenen ermittelt werden. Aus den 408 vollständig beantworteten Fragebögen zeigt sich, dass die äußerlich nicht sichtbaren Symptome Übelkeit, Schwindel und Kopfschmerzen beziehungsweise wortstammähnliche Begriffe in dieser Reihenfolge am häufigsten für Reisekrankheit genannt werden. Übersetzungen dieser Begriffe sind auch Bestandteil englischsprachiger Symptomlisten (Tabelle 2.1). Die im deutschsprachigen Raum ermittelten Häufigkeiten (EZM Anhang G: Tabelle 28) erlauben die Begriffselektion für Umfragen oder Befragungsskalen. Entsprechend wurde die Nutzung der drei zuvor genannten Symptome auf separaten Skalen für die kontinuierliche Kinetoseerhebung empfohlen. Die Nutzererfahrungen ergeben darüber hinaus, dass Teilnehmerinnen eine signifikant höhere selbstbeurteilte Kinetoseanfälligkeit angeben. Die durchschnittlich höhere Anfälligkeit von Frauen unterstreicht die Notwendigkeit, bei der repräsentativen Auswahl der Versuchsteilnehmenden angemessene Geschlechteranteile anzustreben. Dies ist bisher nicht die Regel (Tabelle 2.7). Für das Merkmal Alter tritt ein leichter Anstieg der Empfindlichkeit mit steigenden Lebensjahren auf. Der Vergleich mit weiteren Studien zeigt nur teilweise

Übereinstimmungen. Die Verläufe legen nahe, dass eine lineare Abbildung des Zusammenhanges ungenügend ist.

Die Antworten auf Forschungsfrage 1 (Abschnitt 3.2.3) ergänzen zum einen den Stand der Wissenschaft um eine deutschsprachige Symptomliste. Zum anderen werden, als Grundlage für die nutzerzentrierte Produktentwicklung, demografische Eigenschaften der betroffenen Personen benannt.

FF2: Welchen Einfluss hat die visuelle Umgebung unter Berücksichtigung der individuellen Kinetoseempfindlichkeit auf die Mensch-Fahrzeug-Interaktion im Stop-and-Go-Verkehr?

Bei der Mitfahrt im Stop-and-Go stellt die visuelle Ablenkung von der Straße durch ein Video besonders für Personen mit einer selbstbeurteilten hohen Empfindlichkeit für Kinetose einen erhöhten Diskomfort dar. Kopf- und Augenbewegungen zeigen Abhängigkeiten von der Insassenaufgabe (Außensicht/Video). Personen mit hoher Kinetoseempfindlichkeit zeigen situationsabhängig erhöhte Augenfixationsdauern.

Als Ausblick auf das Reisen in automatisch fahrenden Fahrzeugen wurde eine reproduzierbare Stop-and-Go-Verkehrssituation mit zwei Fahrzeugen auf einem abgesperrten Testgelände geschaffen. Diese Situation erlaubt sowohl die Plausibilisierung des theoretischen Problems als auch die kontrollierte Bewertung von Interventionen. Zur Beantwortung von Forschungsfrage 2 wurde die Mensch-Fahrzeug-Interaktion in Form der subjektiven Kinetoseausprägung sowie vier objektiver Kennwerte der Kopf- und Augenbewegungen analysiert. Die Analyse erfolgte für die Bedingungen A – Außensicht und B – Video getrennt nach zwei Personengruppen, die als empfindlich und unempfindlich für Kinetose eingestuft wurden.

Die Versuchsbedingung B – Video mit eingeschränkter Sicht auf die Fahrzeugumgebung führt zu einer höheren Kinetoseausprägung gegenüber der freien Sicht (A – Außensicht). Die Einstufung der Teilnehmenden anhand ihrer individuellen Kinetoseerfahrung konnte durch signifikant verschiedene Kinetoseausprägungen bestätigt werden. Die Empfindlichkeitsgruppen unterscheiden sich nicht nach Kopfneigung oder Kopfnickbewegung. Vielmehr kann ein aufgabenspezifisches Muster abhängig von den Versuchsbedingungen festgestellt werden. Es zeigt sich, ausgehend von der horizontalen Kopfausrichtung in Bedingung A – Außensicht, dass die Betrachtung des Videos zu einer ergonomisch plausiblen Absenkung der Kopforientierung führt. Parallel treten in Bedingung B – Video signifikant geringere Standardabweichungen der Kopfwinkelgeschwindigkeiten auf. Plausible Ursachen für diese Veränderungen können sowohl die Position des Displays als auch die Aufgabe der Videofokussierung sein. Im Vergleich der Untersuchungsbedingungen ergeben sich Reduzierungen der Augenfixationsdauer und Steigerungen der Augenfixationsgeschwindigkeit durch die Bedingung B – Video. Es kann ein Einfluss der Empfindlichkeitsgruppe auf die Fixationsdauer in der Bedingung mit Außensicht beobachtet werden.

Zusammenfassend wurde erstmals in einer anwendungsnahen Nachstellung der Verkehrssituation des Stop-and-Go das Auftreten von Kinetose belegt. Es ist daher zu empfehlen, die gesellschaftliche Relevanz von Kinetose durch mögliche Beschränkungen der Nutzbarkeit für die Einführung des automatischen Fahrens auf Autobahnen zu bewerten. Für die Versuchssituation konnte die Notwendigkeit zur Entwicklung von Interventionsmaßnahmen gegen Kinetose bestätigt werden. Die zur Erfassung der Kinetoseausprägung gewählte Methode inklusive der Symptombegriffe erlaubt die Beobachtung signifikanter Unterschiede zwischen den Versuchsbedingungen und Empfindlichkeitsgruppen. Dieses Ergebnis belegt nun den Zusammenhang zwischen selbstbeurteilter Kinetoseempfindlichkeit und im Pkw-Versuch auftretender Kinetoseausprägung für die längsdynamische Stop-and-Go-Situation. Die erstmalig für Fahrversuche zur Untersuchung von Kinetose hergeleiteten Parameter der Kopforientierung, Kopfwinkelgeschwindigkeit (SD), Augenfixationsdauer und Augenfixationsgeschwindigkeit sind ebenfalls signifikant abhängig von den Versuchsbedingungen. Dieser Zusammenhang erlaubt die Annahme der grundlegenden Tauglichkeit dieser Parameter zur Objektivierung der für die Entstehung von Kinetose relevanten Bewegungswahrnehmung. Die gesammelten Erkenntnisse zur Mensch-Fahrzeug-Interaktion unter den Versuchsbedingungen stellten die Grundlage zur Identifikation der Interventionen dar (Abschnitt 3.3.3).

FF3: Welchen Einfluss haben eine visuelle und eine kinetische Intervention auf die Mensch-Fahrzeug-Interaktion im Stop-and-Go-Verkehr?

Die prototypisch umgesetzten Interventionen (Fahrzeugumfeldanzeige/ aktiv entkoppelter Sitz) haben im Untersuchungsszenario keinen Einfluss auf die Kinetoseausprägung oder die objektiven Parameter. Eine feste Anbringung des betrachteten Displays an der Instrumententafel reduziert den Kinetoseanstieg gegenüber einer handgehaltenen Benutzung.

Ausgehend vom Stand der Wissenschaft und Technik sowie von den Erkenntnissen der Observationsstudie Stop-and-Go wurden zwei Prototypen in den Funktionsbereichen der visuellen und vestibulären Wahrnehmung entwickelt. Diese Entwicklung folgte einem explorativen Innovationsprozess, der von den Anforderungen an die Videoanzeige sowie den Funktionen eines Sitzes ausging. Darauf aufbauend wurden Machbarkeit und Herstellungsmöglichkeiten überprüft. Hierzu wurden Fachexperten sowohl innerhalb als auch außerhalb der eigenen Organisationsstruktur konsultiert. Die gängigen Richtlinien für die Entwicklung von Fahrzeugkomponenten wurden beachtet und notwendige Sicherheitsmaßnahmen integriert.

Die Fahrzeugumfeldanzeige (Bedingung D – Visuelle Intervention) ergänzt die Anzeige auf dem Display eines 10-Zoll-Tablet-PCs – auf dem zum Beispiel ein Video betrachtet wird – um die Darstellung des eigenen und eines vorausfahrenden Fahrzeugs. Diese Darstellung ist die technische Umsetzung der Anforderung, Informationen über den zukünftigen Bewegungsverlauf des Fahrzeugs in das Anzeigefeld zu integrieren. Die Betrachtenden erhalten dadurch die Möglichkeit, sich ohne Abwendung des Blickes oder des Kopfes vom Display über bevorstehende und aktuelle Veränderungen der Fahrzeugdynamik zu informieren.

Die technische Lösung der Bedingung E - Kinetische Intervention ist eine aktive Entkopplung der Mitfahrenden von der Fahrzeugkarosserie. Sie wird durch eine viergelenkartige Lagerung des Sitzes erreicht. Hierbei erlebt der Körper eine Rotation um die y-Achse durch die Bewegung des Sitzes in Abhängigkeit von der Längsbeschleunigung des Fahrzeugs. Bei einer positiven Fahrzeugbeschleunigung ist die Bewegung des Kopfes entgegen der Fahrtrichtung orientiert. Während einer negativen Fahrzeugbeschleunigung, einem Bremsvorgang, bewegt sich der Kopf in die Bewegungsrichtung des Fahrzeugs. Das Ziel war es, die Kopfbewegungen zu verringern, um die von den Gleichgewichtsorganen wahrgenommene Stimulation zu reduzieren.

Die Kinetoseausprägung unter den drei Bedingungen der Interventionsstudie Stop-and-Go fällt geringer aus (Abschnitt 3.5.2) als unter Bedingung B – Video der Observationsstudie. Es treten keine signifikanten Unterschiede in der Kinetoseausprägung zwischen den drei Bedingungen der Interventionsstudie auf. Damit zeigen die Interventionsmaßnahmen nicht die angestrebte Wirkung. Die mittlere Kinetoseausprägung der drei Bedingungen ist nicht signifikant verschieden zu Bedingung A – Außensicht, wobei ein klarer Trend zu einer Erhöhung der Ausprägung auftritt. Aus den Untersuchungen von Diels et al. (2016a, S. 126) und Kuiper et al. (2018, S. 173) kann abgeleitet werden, dass die erhöhte Anbringung des betrachteten Displays in den Bedingungen C – Video Referenz sowie D und E an der Instrumententafel ursächlich für die gegenüber Bedingung B – Video geringere Kinetoseausprägung sein kann. Einhergehend tritt eine geringere Neigung der Kopfausrichtung auf. Die drei weiteren Kennwerte der Augenfixationsdauer, Augenfixationsgeschwindigkeit sowie Kopfwinkelgeschwindigkeit (SD) unterschieden sich nicht zwischen den Interventionsbedingungen. Hierbei ist besonders relevant, dass keine Änderung im Bewegungsverhalten der Teilnehmenden durch den entkoppelten Sitz (Bedingung E) zu beobachten ist. Bemerkenswert ist ein Anstieg der Augenfixationsdauer über alle Interventionsbedingungen gegenüber Bedingung B – Video, der mit einer erhöhten Informationsmenge im peripheren und fovealen Sichtbereich erklärt werden kann.

Für das Forschungsziel der Arbeit ergibt das Ergebnis von Forschungsfrage 3, dass die theoretisch identifizierten Interventionsmaßnahmen gegen Kinetose aktuell nicht empfohlen werden können. Hierbei ist zu berücksichtigen, dass es sich um prototypische Realisierungen handelt. Demnach könnte sowohl die theoretische Annahme als auch die technische Realisierung ursächlich sein. Als weiteres Ergebnis belegen die veränderten Displaypositionen und die einhergehende Reduzierung der Kinetoseausprägung erstmals die Möglichkeit der visuellen Intervention für den Stop-and-Go-Verkehr.

4.1   Limitationen der Arbeit

Die folgenden Punkte stellen grundlegende Einschränkungen der gewählten Ansätze dieser Arbeit dar. Die Limitationen der Versuchsdurchführung oder Datenauswertung sind in den allgemeinen Anmerkungen der Diskussionen aufgeführt (Abschnitte 3.2.3, 3.3.3, 3.4.3).

In der theoretischen Auseinandersetzung werden Komfort sowie Aspekte des Diskomforts erläutert (Fahrzeugkomfort 2.3.1). Kinetose kann aufgrund der zugehörigen Symptome der Wahrnehmung von Diskomfort zugeordnet werden. Trotz der speziell zur Erhebung von Kinetoseerfahrungen durchgeführten Onlinebefragung und abgeleiteten Symptomliste bleibt der Transfer von Empfindungen wie Übelkeit, Schwindel oder Kopfschmerzen auf eine numerische Skala eine Einschränkung. Es ist unklar, inwiefern die genutzten 11-stufigen Skalen der drei Symptome ausschließlich den Diskomfort einer Kinetose abbilden. Beispielsweise könnten die abgegebenen Bewertungen in Folge von Stress, Langeweile oder Frustration während des Versuchsablaufs beeinflusst worden sein. Eine ungewünschte Interaktion ergab sich zum Beispiel durch die kopfgetragene Messtechnik. Einzelne Personen berichteten über Kopfschmerzen. Angesichts der durch diese Messung gewonnenen Informationen (Abschnitte 3.3.2.3 und 3.3.2.4) und der geringen Anzahl an Äußerungen ist die Einschränkung akzeptabel.

Eine weitere Limitation ist der Vergleich von subjektiven Messgrößen. Für die Unterteilung der Empfindlichkeitsgruppen wurde die Erfahrung mit Kinetose im Pkw und der Motion Sickness Susceptibility Questionnaire Short (Golding, 2009) erhoben. Die gebildeten Empfindlichkeitsgruppen wurden anschließend mit den kontinuierlich abgefragten Symptomausprägungen während der Fahrten abgeglichen. Diese drei subjektiven Messgrößen unterliegen Einflüssen durch die beantwortende Person. Demnach könnten individuelle Effekte wie die Persönlichkeit diese Größen gleichermaßen beeinflussen. Nur eine validierte objektive Messung der Kinetoseausprägung könnte diese Effekte umgehen. Zum Zeitpunkt der Versuchsplanung konnte keine Methode zur robusten Bestimmung von Kinetose im Pkw identifiziert werden.

4.2 Theoretisch-methodische Implikationen und Ausblick

Die Ursachen von Kinetose im Pkw sind nicht gänzlich geklärt. Der Transfer und die Anwendbarkeit der existierenden Herleitungen (Abschnitt 2.1.1) auf das individuelle Auftreten der Symptome ist nur begrenzt möglich. Hinsichtlich der Bearbeitung dieses Forschungsfeldes zeigt sich die angewandte Untersuchung der Problemsituation im realitätsnahen Umfeld als besonders aufschlussreich, da eine Umsetzung der theoretischen Grundlagen durch die Entwicklung von Interventionen überprüft werden kann. Das zweistufige Vorgehen bei der Versuchsdurchführung erlaubte die Beobachtung des natürlichen Verhaltens als fundierte Grundlage für die Entwicklung und Bewertung der Interventionen. Diese sukzessive Bearbeitung ist besonders zur nachhaltigen Ergänzung der Wissensbasis geeignet und wird für zukünftige Untersuchungen empfohlen.

Ausgehend von den Umfrageergebnissen wird als Implikation für Kinetose-untersuchungen eine stärkere Spreizung in der Altersverteilung empfohlen (vgl. Tabelle 2.7). Die Notwendigkeit ergibt sich, da für die unter Forschungsfrage 1 identifizierten Faktoren Geschlecht und Alter keine fundierten Empfehlungen zur Stichprobenbeschaffenheit existieren. Eine Abhängigkeit der Stichprobenbe-schaffenheit vom Forschungsvorhaben ist zu erwarten. Es ist zum Beispiel zu überprüfen, ob für eine Maßnahmenevaluierung auf eine repräsentative Abbildung der Kinetoseprävalenz verzichtet werden kann.

Für die dynamische Stimulation des Stop-and-Go konnte anhand der Versuchs-bedingungen und Gruppen bestätigt werden, dass die visuelle Fokussierung und die individuelle Kinetoseempfindlichkeit in hohem Maße relevant sind. Die Unter-teilung in zwei Gruppen der Empfindlichkeit belegt die große Bedeutung der Probandenauswahl für Studien dieser Art. Eine unkontrollierte Selektion birgt die Gefahr der Unter- oder Überschätzung der Kinetoseausprägung anhand der Stu-dienergebnisse. Die hier gewählte Stichprobe von $n = 30$ empfindlichen Personen führte im Zusammenspiel mit einem auf Messwiederholungen (Within-Subject-Design) basierenden Studiendesign zu klar differenzierbaren Unterschieden in der Symptomausprägung. Inwieweit die vollständige Transparenz über den Unter-suchungsgegenstand Kinetose und die möglichen Risiken die Teilnehmenden beeinflusst haben, kann nicht eindeutig bewertet werden. Da keine Einschrän-kungen im Versuchsablauf festgestellt wurden, ist dieser Umgang mit der Untersuchungsmotivation aus ethischer Sicht vorzuziehen.

Die Untersuchung der Prototypen zur Intervention der Mensch-Fahrzeug-Interaktion zielte auf deren Wirksamkeit bei Erstkontakt mit Nutzenden ab. Aus versuchspraktischen Gründen wurde eine kurze verbale Erläuterung des Sys-tems sowie eine 11-minütige Expositionsphase angewandt. Sowohl durch die kognitive Verarbeitung einer visuellen Intervention als auch die biomechanische Reaktion auf kinetische Maßnahmen ist eine Veränderung der Interventionswirk-samkeit zwischen Erstkontakt und nach vorangeschrittener Gewöhnung denkbar. Für die Entwicklung von Kinetosemaßnahmen ist daher zu überprüfen, wel-ches reale Nutzungsverhalten auftreten wird, um die Wirksamkeit angemessen zu untersuchen.

Die Vision des automatischen Fahrens motiviert die Auseinandersetzung mit Kinetose im Pkw. Neben der in dieser Arbeit als kritisch identifizierten Ver-kehrssituation des Stop-and-Go konnten im Rahmen der Literaturrecherche keine vergleichbaren Bewertungen natürlicher Verkehrssituationen gefunden werden. Für die zielgerichtete Bearbeitung von Kinetose im Pkw könnte es helfen, struktu-rierte Analysen von Verkehrssituationen inklusive der zugehörigen Nutzergruppen durchzuführen. Die priorisierte Berücksichtigung relevanter Fahrmanöver für die Einführung automatischer Fahrfunktionen kann deren Gebrauchstauglichkeit verbessern.

Die objektive Beschreibung von Parametern der Mensch-Fahrzeug-Interaktion für fahrfremde Tätigkeiten sowie die Auswirkungen neuartiger Fahrzeuginnenräume ist in der Literatur bisher unterrepräsentiert. Für die Untersuchungen im Rahmen dieser Arbeit konnten keine validierten Methoden zur Objektivierung der Kinetoseausprägung im Pkw gefunden werden. Bestehende Arbeiten liefern jedoch Hinweise, die eine Betrachtung der thermoregulatorischen Prozesse im Menschen oder Veränderungen am Herz-Kreislauf-System als Indikatoren unterstützen. Die fundierte Validierung dieser Methoden im Fahrzeugumfeld könnte den nächsten Entwicklungsschritt darstellen. Hierbei sind neben der Erkennung des Symptomanstiegs mit beginnender Provokation auch das Abklingen der Symptome mit einem Abstand nach der Bewegungsstimulation relevante Prozesse. Neben den Reaktionen einer Kinetose zählen auch die menschliche Biomechanik und Systeme der visuellen Wahrnehmung zu den objektivierbaren Parametern. Aufbauend auf konkreten Problemsituationen für die Fahrdynamik und Nutzercharakteristik besteht weiterer Forschungsbedarf in der objektiven Beschreibung verschiedener Insassentätigkeiten. Hierbei könnte der Vergleich des statischen Zustands (unabhängig vom Fahrzeug) mit dem Verhalten während dynamischer Fahrt neue Erkenntnisse ergeben. Im Abgleich zu den Videobedingungen dieser Untersuchung wäre beispielhaft auch die Tätigkeit des Lesens während der Fahrt von Interesse. Aufgrund der weitreichenden Wissensbasis zum Lesen in statischen Umgebungen ist zu erwarten, dass der Einfluss der Fahrdynamik auf etablierte Messgrößen besonders aufschlussreich ist. Die Erfassung der Mensch-Fahrzeug-Interaktion mithilfe eines kopfgetragenen bildbasierten Messsystems zeigt sich als praktikable Möglichkeit, Ursachen von Kinetose im Automobil zu untersuchen. Die genutzte Technik ermöglicht die objektive Analyse von wahrnehmungsrelevanten Parametern der visuellen und vestibulären Organe. Die Nutzung dieser Methode führt für das Ergebnis dieser Arbeit zu einer elementaren Ergänzung und ist daher sehr zu empfehlen.

Die Entstehung von Kinetose in Fahrzeugen tritt als Folge der Bewegungen der Nutzenden auf. Daher sollten sowohl biomechanische als auch neuronale Modelle zur Simulation der vestibulären oder visuellen Verarbeitung weiterentwickelt werden, um die komplexen Reflexreaktionen des menschlichen Organismus herauszuarbeiten. Die ermittelten Kennwerte der Kopf- und Augenbewegungen liefern Grundlagen zur simulativen Nachbildung menschlicher Mechanismen. Beispielsweise können die verschiedenen Kopforientierungen von $\varphi = 0°$, $\varphi = 16°$ und etwa $\varphi = 5°$ der fünf Versuchsbedingungen als Initialwerte für Mehrkörpersimulationen genutzt werden.

Ein weiterer Aspekt bei der Untersuchung von Kinetose und der Entwicklung visueller Interventionen ist der Einfluss der räumlichen Wahrnehmung. Hierbei legen die Ergebnisse nahe, dass die individuellen Fähigkeiten und die aufgabenspezifische Verfügbarkeit peripherer und fovealer Informationen gesondert analysiert werden sollten. Messgrößen wie die Augenfixationsdauer können zur Objektivierung der räumlichen Wahrnehmung und Orientierung beitragen. Der identifizierte Zusammenhang zwischen Kinetoseempfindlichkeit und Augenfixationsverhalten kann in Verbindung mit dem individuellen Orientierungsvermögen stehen. Räumliche Wahrnehmung kann neben der Entstehung von Kinetose im Pkw auch für die verwandten Phänomene der Simulator-Krankheit oder der Virtuellen-Realitäts-Krankheit bei kopfgetragenen Anzeigen von Bedeutung sein. Die Methoden und Erkenntnisse dieser Arbeit können hierfür eine geeignete Referenz bilden.

4.3   Praktische Implikationen und Ausblick

Das Themengebiet der Kinetose ist eine fachbereichsübergreifende Problemstellung, die aus praktischer Sicht für zwei Zielgruppen relevant ist. Die Kerngruppe bilden Personen, die in ihrem Alltag die Symptome einer Kinetose erleben. Darüber hinaus ist das Thema für die Produktentwicklung – zum Beispiel in der Automobilindustrie – von Bedeutung, da dort Umgebungen erschaffen werden, in denen die genannten Symptome auftreten. Im Fahrzeug entstehen in Verkehrssituationen mit häufig wechselnden Beschleunigungen, zum Beispiel einer Serpentinenfahrt, Provokationen der sensorischen Wahrnehmung, die die natürliche Reaktion der Kinetose auslösen können. Aus bislang nicht ausreichend belegten Gründen können für Personen mit erhöhter Empfindlichkeit auch deutlich ruhigere Fahrmanöver zu Kinetose führen. Ein realistisches Ziel kann daher nur eine Verlängerung des Zeitraums bis zum Erreichen eines unannehmbaren Diskomfortlevels sein. Für Betroffene stellen bekannte Verhaltensregeln wie die Konzentration auf das Verkehrsgeschehen oder die aktive Übernahme der Fahrzeugsteuerung einfache Lösungen dar. Diese gegenwärtig hilfreichen Ratschläge für Mitfahrende sollten auch zukünftig in automatisch fahrenden Fahrzeugen die gewünschte Verbesserung erzielen, sofern sie umsetzbar sind.

Die im Rahmen der Fahrversuche betrachteten Profilphasen (Abbildung 3.9) geben einen Hinweis auf Provokationsunterschiede durch verschiedene Fahrweisen. In Anlehnung an die explizit benannten Profile könnte eine systematische Untersuchung der fahrdynamischen Anregung die Ableitung von Schwellenwerten erlauben. Sie würden eine Grundlage für die Ausgestaltung der Algorithmen zur Kontrolle automatischer Fahrzeuge bieten. Ausgehend von der Fähigkeit der Mitfahrenden zur visuellen Antizipation des Verkehrsgeschehens könnte, neben den fahrdynamischen Kenngrößen, auch eine entsprechend vorausschauende Fahrweise einen Einfluss auf die Komfortwahrnehmung haben. Die Untersuchungen dieser Arbeit identifizieren die Verkehrssituation des Stop-and-Go als kritisches Fahrmanöver in der Einführung des automatischen Fahrens. Es ist zu berücksichtigen, dass nur eine Komposition der vielfältigen Möglichkeiten des Verkehrsszenarios Stop-and-Go betrachtet wurde. Daher sollte auf der Basis des generierten Fahrprofils die Häufigkeit und Intensität des Kinetoseauftretens sowie die Validierung neuer Fahrfunktionen durch Feldversuche im öffentlichen Verkehr unternommen werden. Die beobachteten individuellen Unterschiede zeigen, dass nicht alle Personen gleichermaßen betroffen sind. Es ist daher aus der Sicht von Fahrzeugentwicklung und -vertrieb relevant, die betroffenen Nutzergruppen zu identifizieren und zu integrieren. Hierbei helfen die im Rahmen dieser Arbeit bestätigten Erkenntnisse der erhöhten Empfindlichkeit von Frauen sowie die Berücksichtigung einer großen Altersspanne.

Die entwickelten Maßnahmen der Fahrzeugumfeldanzeige (D – Video App) und des entkoppelten Sitzes (E – Video Sitz) stellen mögliche Interventionen gegen Kinetose dar. Im Rahmen der Versuchsdurchführung konnte ihre Wirksamkeit nicht plausibel belegt werden. Eine Weiterführung der Betrachtung ist aufgrund der positiven Tendenz der Ergebnisse zu empfehlen. Als technische Veränderung sollte eine prädiktive Steuerung des Sitzes konzipiert werden, um eine sanfte Gegenbewegung eventuell bereits vor dem Beginn der abrupten Beschleunigungsänderung des Fahrzeugs zu beginnen. Bei positivem Ausgang erneuter Fahrversuche sollte zur Überführung in ein Serienprodukt die Validierung der Funktion mit einer größeren Stichprobe und für weitere Stop-and-Go-Situationen durchgeführt werden. Neben der Betrachtung der Kinetosewirkung sollte die allgemeine Nutzbarkeit der Funktionen und die Nutzerakzeptanz überprüft werden. Hierzu zählen zum Beispiel die Farbgestaltung der Beschleunigungsindikatoren in der Fahrzeugumfeldanzeige oder die Kosten der Realisierung in Serienfahrzeugen. Eine seriennahe Umsetzung der Fahrzeugumfeldanzeige könnte ohne zusätzliche Hardware realisiert werden. Zur Anzeige dieser Informationen auf bestehenden Displays würden nur Entwicklungskosten entstehen, da aktuelle Fahrzeuge mit adaptiver Geschwindigkeitsregelung (ACC) die notwendigen Informationen mithilfe von Radarsystemen bereits erfassen. Demgegenüber müsste die Metallstruktur eines Fahrzeugsitzes, der die Nutzenden vom Fahrzeugaufbau entkoppelt, verändert werden. Die erwartbaren Kosten würden die Kosten zur Realisierung der Fahrzeugumfeldanzeige übersteigen.

Die betrachteten Versuchsbedingungen ergänzen die bestehenden Arbeiten zum Einfluss der Displayhöhe (Tabelle 2.10) um den Vergleich eines frei in der Hand gehaltenen Tablets (B – Video) mit einem festen und höher angeordneten Display (C – Video Referenz). Das Ergebnis zeigt für die kinetoseanfällige Gruppe eine signifikante Reduzierung der Symptome in der fest-integrierten Position (Abschnitt 3.5.2). Demnach sollte die Integration eines entsprechend dieser Untersuchung angeordneten Displays für Mitfahrende in einem Pkw eine messbare Kinetosereduzierung erzeugen.

In Zusammenfassung geben die Erkenntnisse der Dissertation einen Ausblick auf das Risiko durch Kinetose bei der Einführung des automatischen Fahrens. Die Ergebnisse können auch genutzt werden, um das Mitfahren in heutigen Fahrzeugen komfortabler zu gestalten. Die methodischen Ableitungen erlauben eine Erweiterung der Wissensbasis zur Untersuchung von Kinetose im Pkw und liefern Ansätze zur Formulierung neuer Forschungsfragen.

Literaturverzeichnis

ADAC. (2018). *Staubilanz 2017.* https://www.adac.de/_mmm/pdf/statistik_staubilanz_2 31552.pdf

Adachi, T., Yonekawa, T., Fuwamoto, Y., Ito, S., Iwazaki, K. & Nagiri, S. (2014). *Simulator Motion Sickness Evaluation Based on Eye Mark Recording during Vestibulo-Ocular Reflex.*

Allison, R. S., Eizenman, E. & Cheung, B. S. (1996). Combined head and eye tracking system for dynamic testing of the vestibular system. *Biomedical Engineering, IEEE Transactions on, 43*(11), 1073–1082.

Assmann, B. & Selke, S. (2011). *Technische Mechanik 3: Band 3: Kinematik und Kinetik.* Oldenbourg Verlag.

Atsumi, B., Tokunaga, H., Kanamori, H., Sugawara, T., Yasuda, E. & Inagaki, H. (2002). Evaluation of vehicle motion sickness due to vehicle vibration. *JSAE Review, 23*(3), 341–346.

Barrois, B. D. I. & Krüger, L. D. I. (2008). *Verfahren und Vorrichtung zur Reduzierung von Kinetose-Störungen bei einem Passagier eines Fahrzeuges.* http://www.google.com/patents/DE102007037852A1?cl=de

Bartl, K., Lehnen, N., Kohlbecher, S. & Schneider, E. (2009). Head Impulse Testing Using Video-oculography. *Annals of the New York Academy of Sciences, 1164*(1), 331–333.

Barton-Zeipert, S. (2014). *Fahrbahnprofilerfassung für ein aktives Fahrwerk.* Diss. Hamburg, Helmut-Schmidt-Univ.

Beiker, S. (2016). Deployment scenarios for vehicles with higher-order automation. In *Autonomous Driving* (pp. 193–211). Springer-Verlag.

Bertin, R., Collet, C., Espié, S. & Graf, W. (2005). Objective measurement of simulator sickness and the role of visual-vestibular conflict situations. *Driving Simulation Conference North America*, 280–293.

Bles, W., Bos, J., de Graaf, B., Groen, E. & Wertheim, A. H. (1998). Motion sickness: only one provocative conflict? *Brain Research Bulletin, 47*(5), 481–487.

© Der/die Herausgeber bzw. der/die Autor(en), exklusiv lizenziert an Springer Fachmedien Wiesbaden GmbH, ein Teil von Springer Nature 2023
A. Brietzke, *Kinetose als Merkmal der Mensch-Fahrzeug-Interaktion,*
Gestaltung hybrider Mensch-Maschine-Systeme/Designing Hybrid Societies,
https://doi.org/10.1007/978-3-658-41948-6

Bleyer, T., Herrmann, H.-J., Koldehoff, M., Meuser, V., Scheuer, S., Müller-Arnecke, H., Windel, A. & Adler, M. (2010). *Ergonomiekompendium – Anwendung ergonomischer Regeln und Pruefung der Gebrauchstauglichkeit von Produkten.* BAuA.

Blüthner, R., Hinz, B., Menzel, G., Schust, M. & Seidel, H. (2006). On the significance of body mass and vibration magnitude for acceleration transmission of vibration through seats with horizontal suspensions. *Journal of Sound and Vibration, 298*(3), 627–637.

Bos, J., Bles, W. & de Graaf, B. de. (2002). Eye movements to yaw, pitch, and roll about vertical and horizontal axes: adaptation and motion sickness. *Aviation, Space, and Environmental Medicine, 73*(5), 436–444.

Bos, J., MacKinnon, S. N. & Patterson, A. (2005). Motion sickness symptoms in a ship motion simulator: effects of inside, outside, and no view. *Aviation, Space, and Environmental Medicine, 76*(12), 1111–1118.

Braess, H.-H. & Seiffert, U. (2013). *Vieweg Handbuch Kraftfahrzeugtechnik* (Issue 7). Springer-Verlag.

Braunagel, C., Geisler, D., Stolzmann, W., Rosenstiel, W. & Kasneci, E. (2016). On the necessity of adaptive eye movement classification in conditionally automated driving scenarios. *Proceedings of the Ninth Biennial ACM Symposium on Eye Tracking Research & Applications*, 19–26.

Braunagel, C., Stolzmann, W., Kasneci, E., Kübler, T. C., Fuhl, W. & Rosenstiel, W. (2015). Exploiting the potential of eye movements analysis in the driving context. *15. Internationales Stuttgarter Symposium*, 1093–1105.

Brietzke, A. & Barton-Zeipert, S. (2020). *Fahrzeugsitz für ein Kraftfahrzeug (DE 10 2018 217 697 A1).* https://register.dpma.de/DPMAregister/pat/register?AKZ=1020182176973

Brietzke, A., Klamroth, A., Dettmann, A. & Bullinger, A. C. (2017). Motion sickness in cars: Influencing human factors as an outlook to highly automated driving [Poster]. *Varieties of Interaction: From User Experience to Neuroergonomics, Postersession, Human Factors and Ergonomics Society Europe Chapter 2017 Annual Conference*, 28.09.2017 bis 30.09.2017, Rom (S.). https://www.hfes-europe.org/wp-content/uploads/2017/10/Brietzke2017poster.pdf

Brietzke, A., Pham Xuan, R., Dettmann, A. & Bullinger, A. C. (2018). Motion sickness in cars: A holistic approach of a design pattern for constructing in-car motion sickness studies [Poster]. *Conference: Technology for an Ageing Society, Postersession Human Factors and Ergonomics Society Europe Chapter 2018 Annual Conference*, 08.10.2018 bis 10.10.2018, Berlin. https://www.hfes-europe.org/wp-content/uploads/2018/10/Brietzke2018Poster.pdf

Brietzke, A., Pham Xuan, R. & Fischer, S. (2020). *Verfahren zum Betreiben eines Infotainmentsystems für einen Passagier (DE 10 2018 213 745 A1).* https://register.dpma.de/DPMAregister/pat/register?AKZ=1020182137455

Bubb, H. (2015a). Automobilergonomie – 2. Das Regelkreisparadigma der Ergonomie. In *Automobilergonomie* (pp. 27–65). Springer-Verlag.

Bubb, H. (2015b). Automobilergonomie – 8. Gestaltung der Konditionssicherheit. In *Automobilergonomie* (pp. 471–523). Springer-Verlag.

Bubb, H. & Bengler, K. (2015). Automobilergonomie – 9. Fahrerassistenz. In *Automobilergonomie* (pp. 525–582). Springer-Verlag.

Bubb, H., Bengler, K., Breuninger, J., Gold, C. & Helmbrecht, M. (2015). Automobiler-gonomie – 6. Systemergonomie des Fahrzeugs. In *Automobilergonomie* (pp. 259–344). Springer-Verlag.

Bubb, H., Bengler, K., Grünen, R. E. & Vollrath, M. (2015). *Automobilergonomie – 1. Einführung.* Springer-Verlag.

Bubb, H., Bengler, K., Lange, C., Aringer, C., Trübswetter, N., Conti, A. & Zimmermann, M. (2015). *Automobilergonomie – 11. Messmethoden.* Springer-Verlag.

Bubb, H., Vollrath, M., Reinprecht, K., Mayer, E. & Körber, M. (2015). Automobilergono-mie – 3. Der Mensch als Fahrer. In *Automobilergonomie* (pp. 67–162). Springer-Verlag.

Cahill-Rowley, K. & Rose, J. (2017). Temporal-spatial reach parameters derived from inertial sensors: Comparison to 3D marker-based motion capture. *Journal of Biomechanics, 52,* 11–16.

Cajar, A., Engbert, R. & Laubrock, J. (2016). Spatial frequency processing in the central and peripheral visual field during scene viewing. *Vision Research, 127,* 186–197.

Canudas-de-Wit, C., Bechart, H., Claeys, X., Dolcini, S. & Martinez, J.-J. (2005). Fun-to-drive by feedback. *European Journal of Control, 11*(4–5), 353–383.

Carlsson, S. & Davidsson, J. (2011). Volunteer occupant kinematics during driver initiated and autonomous braking when driving in real traffic environments. *Proceedings of the International Conference on Biomechanics of Impact Ircobi, Krakow-Poland.*

Certosini, C., Capitani, R. & Annicchiarico, C. (2020). Optimal speed profile on a given road for motion sickness reduction. *arXiv Preprint* arXiv:2010.05701.

Chen, C.-L., Li, P.-C., Chuang, C.-C., Lung, C.-W. & Tang, J.-S. (2016). Comparison of Motion Sickness-Induced Cardiorespiratory Responses between Susceptible and Non-susceptible Subjects and the Factors Associated with Symptom Severity. *Bioinformatics and Bioengineering (BIBE), 2016 IEEE 16th International Conference on,* 216–221.

Cheung, B. (2008). -Seasickness: Guidelines for All Operators of Marine Vessels, Marine Helicopters and Offshore Oil Installations. *Survival at Sea for Mariners, Aviators and Search and Rescue Personnel,* 1.

Claremont, C. A. (1931). The psychology of seasickness. *Psyche, 11,* 86–90.

Clément, G. & Reschke, M. F. (2010). *Neuroscience in space.* Springer Science & Business Media.

Cohen, J. (1992). A power primer. *Psychological Bulletin, 112*(1), 155.

Crundall, D. & Underwood, G. (2011). Visual attention while driving: measures of eye movements used in driving research. In *Handbook of traffic psychology* (pp. 137–148). Elsevier.

Dahlman, J. (2009). *Psychophysiological and performance aspects on motion sickness.*

De Waard, D. (1996). *The measurement of drivers' mental workload.* Groningen University, Traffic Research Center Netherlands.

Dennison, M. S., Wisti, A. Z. & D'Zmura, M. (2016). Use of physiological signals to predict cybersickness. *Displays, 44,* 42–52.

Diels, C. (2009). Carsickness: preventive measures. *TRL Published Project Report.*

Diels, C. (2014). Will autonomous vehicles make us sick? *Contemporary Ergonomics and Human Factors 2014: Proceedings of the International Conference on Ergonomics \& Human Factors 2014, Southampton, UK, 7–10 April 2014,* 301.

Diels, C. & Bos, J. (2021). Great expectations: On the design of predictive motion cues to alleviate carsickness. *International Conference on Human-Computer Interaction*, 240–251.

Diels, C. & Bos, J. (2015). User interface considerations to prevent self-driving carsickness. *Adjunct Proceedings of the 7th International Conference on Automotive User Interfaces and Interactive Vehicular Applications*, 14–19.

Diels, C. & Bos, J. E. (2016). Self-driving carsickness. *Applied Ergonomics, 53*, 374–382.

Diels, C., Bos, J., Hottelart, K. & Reilhac, S. (2016a). Motion Sickness in Automated Vehicles: The Elephant in the Room. In *Road Vehicle Automation 3* (pp. 121–129). Springer-Verlag.

Diels, C., Bos, J., Hottelart, K. & Reilhac, S. (2016b). The impact of display position on motion sickness in automated vehicles: an on-road study. *Automated Vehicle Symposium, San Francisco*, 19–21.

Dingus, T. A. (1985). *Development of models for detection of automobile driver impairment.*

DiZio, P., Ekchian, J., Kaplan, J., Ventura, J., Graves, W., Giovanardi, M., Anderson, Z. & Lackner, J. R. (2018). An active suspension system for mitigating motion sickness and enabling reading in a car. *Aerospace Medicine and Human Performance, 89*(9), 822–829.

Dobie, T. G. (2019). *Motion Sickness: A Motion Adaptation Syndrome.* Springer-Verlag.

Dong, X., Yoshida, K. & Stoffregen, T. A. (2011). Control of a virtual vehicle influences postural activity and motion sickness. *Journal of Experimental Psychology: Applied, 17*(2), 128.

Donohew, B. E. & Griffin, M. (2004). Motion sickness: effect of the frequency of lateral oscillation. *Aviation, Space, and Environmental Medicine, 75*(8), 649–656.

Doran, G. T. (1981). There's a SMART way to write management's goals and objectives. *Management Review, 70*(11), 35–36.

Dorr, M., Martinetz, T., Gegenfurtner, K. R. & Barth, E. (2010). Variability of eye movements when viewing dynamic natural scenes. *Journal of Vision, 10*(10), 28–28.

Drexler, J. M., Kennedy, R. S. & Compton, D. E. (2004). Comparison of sickness profiles from simulator and virtual environment devices: Implications of engineering features. *Conférence Simulation de Conduite*, 291–299.

Einhäuser, W., Schumann, F., Bardins, S., Bartl, K., Böning, G., Schneider, E. & König, S. (2007). Human eye-head co-ordination in natural exploration. *Network: Computation in Neural Systems, 18*(3), 267–297.

Ekchian, J., Graves, W., Anderson, Z., Giovanardi, M., Godwin, O., Kaplan, J., Ventura, J., Lackner, J. R. & DiZio, S. (2016). *A High-Bandwidth Active Suspension for Motion Sickness Mitigation in Autonomous Vehicles.*

Ellinghaus, D. & Schlag, B. (2001). Beifahrer. Eine Untersuchung über die psychologischen und soziologischen Aspekte des Zusammenspiels von Fahrer und Beifahrer. *UNIROYAL VERKEHRSUNTERSUCHUNG, 26.*

Ersoy, M., Elbers, C., Wegener, D., Lützow, J., Bachmann, C. & Schimmel, C. (2017). Fahrdynamik. In *Fahrwerkhandbuch* (pp. 51–169). Springer-Verlag.

Ersoy, M., Gies, S. & Heißing, B. (2017). Einleitung und Grundlagen. In *Fahrwerkhandbuch* (pp. 1–49). Springer-Verlag.

Feenstra, P., Bos, J. & van Gent, R. N. (2011). A visual display enhancing comfort by counteracting airsickness. *Displays, 32*(4), 194–200.

Feldhuetter, A. (2021). *Effect of Fatigue on Take-Over Performance in Conditionally Automated Driving.*

Feldhuetter, A., Hecht, T. & Bengler, K. (2018). Fahrerspezifische Aspekte beim hochautomatisierten Fahren. *FAT Schriftenreihe.(307).*

Fiore, L., Corsini, G. & Geppetti, L. (1996). Application of non-linear filters based on the median filter to experimental and simulated multiunit neural recordings. *Journal of Neuroscience Methods, 70*(2), 177–184.

Flanagan, M. B., May, J. G. & Dobie, T. G. (2005). Sex differences in tolerance to visually-induced motion sickness. *Aviation, Space, and Environmental Medicine, 76*(7), 642–646.

Förstberg, J. (2000). *Influence from horizontal and/or roll motion on nausea and motion sickness: Experiments in a moving vehicle simulator.* Statens väg-och transportforsknings-institut., VTI rapport 450A.

Frechin, M., Arino, S. & Fontaine, J. (2004). ACTISEAT: active vehicle seat for acceleration compensation. *Proceedings of the Institution of Mechanical Engineers, Part D: Journal of Automobile Engineering, 218*(9), 925–933.

Galley, N., Betz, D. & Biniossek, C. (2015). Fixation durations: Why are they so highly variable. *Advances in Visual Perception Research,* 83–106.

Geiser, G. (1985). Mensch-Maschine-Kommunikation im Kraftfahrzeug. *AUTOMOBIL-TECH Z, 87*(2).

Gianaros, S. J., Muth, E. R., Mordkoff, J. T., Levine, M. E. & Stern, R. M. (2001). A questionnaire for the assessment of the multiple dimensions of motion sickness. *Aviation, Space, and Environmental Medicine, 72*(2), 115.

Golding, J. (2006a). Motion sickness susceptibility. *Autonomic Neuroscience, 129*(1), 67–76.

Golding, J. (2006b). Predicting individual differences in motion sickness susceptibility by questionnaire. *Personality and Individual Differences, 41*(2), 237–248.

Golding, J. (2009). *Motion Sickness Susceptibility Questionnaire Short-form (MSSQ-Short).*

Golding, J., Bles, W., Bos, J., Haynes, T. & Gresty, M. A. (2003). Motion sickness and tilts of the inertial force environment: Active suspension systems vs. Active passengers. *Aviation, Space, and Environmental Medicine, 74*(3), 220–227.

Golding, J. & Gresty, M. A. (2013). Motion sickness and disorientation in vehicles. *Oxford Textbook of Vertigo and Imbalance. Oxford University Press, Oxford,* 293–306.

Golding, J. & Kerguelen, M. (1992). A comparison of the nauseogenic potential of low-frequency vertical versus horizontal linear oscillation. *Aviation, Space, and Environmental Medicine.*

Golding, J., Mueller, A. & Gresty, M. A. (2001). A motion sickness maximum around the 0.2 Hz frequency range of horizontal translational oscillation. *Aviation, Space, and Environmental Medicine, 72*(3), 188–192.

Graybiel, A. & Knepton, J. (1976). Sopite syndrome: a sometimes sole manifestation of motion sickness. *Aviation, Space, and Environmental Medicine, 47*(8), 873–882.

Griffin, M. (1990). *Handbook of human vibration.* Academic press.

Griffin, M. (2001). Motion Sickness. In *Encyclopedia of Vibration.* Academic Press.

Griffin, M. & Mills, K. L. (2002). Effect of magnitude and direction of horizontal oscillation on motion sickness. *Aviation, Space, and Environmental Medicine, 73*(7), 640–646.

Griffin, M. & Newman, M. (2004a). An experimental study of low-frequency motion in cars. *Proceedings of the Institution of Mechanical Engineers, Part D: Journal of Automobile Engineering, 218*(11), 1231–1238.

Griffin, M. & Newman, M. (2004b). Visual field effects on motion sickness in cars. *Aviation, Space, and Environmental Medicine, 75*(9), 739–748.

Gysen, B. L., Paulides, J. J., Janssen, J. L. & Lomonova, E. A. (2010). Active electromagnetic suspension system for improved vehicle dynamics. *Vehicular Technology, IEEE Transactions on, 59*(3), 1156–1163.

Hanau, E. & Popescu, V. (2017). MotionReader: Visual Acceleration Cues for Alleviating Passenger E-Reader Motion Sickness. *Proceedings of the 9th International Conference on Automotive User Interfaces and Interactive Vehicular Applications Adjunct*, 72–76.

Handwerker, H. (1984). Experimentelle Schmerzanalyse beim Menschen. In *Schmerz* (pp. 87–123). Springer-Verlag.

Hauschildt, J. (2005). Dimensionen der Innovation. In *Handbuch Technologie-und Innovationsmanagement* (pp. 23–39). Springer-Verlag.

Held, R. (1961). Exposure-history as a factor in maintaining stability of perception and coordination. *The Journal of Nervous and Mental Disease, 132*(1), 26–hyhen.

Hennessy, D. A. & Wiesenthal, D. L. (1999). Traffic congestion, driver stress, and driver aggression. *Aggressive Behavior: Official Journal of the International Society for Research on Aggression, 25*(6), 409–423.

Herz, M. (1791). *Versuch über den Schwindel.* Voß.

Herzog, T. (2011). *Strategien und Potenziale zur Verbrauchsreduzierung bei Verkehrsstaus* (Issue 20). kassel university press GmbH.

Holmes, S. R. & Griffin, M. (2001). Correlation between heart rate and the severity of motion sickness caused by optokinetic stimulation. *Journal of Psychophysiology, 15*(1), 35.

Holmes, S. R., King, S., Stott, J. & Clemes, S. (2002). Facial skin pallor increases during motion sickness. *Journal of Psychophysiology, 16*(3), 150.

Holmqvist, K. & Andersson, R. (2017). Eye tracking: A comprehensive guide to methods. *Paradigms and Measures,*.

Hösch, A. (2018). *Simulator Sickness in Fahrsimulationsumgebungen-drei Studien zu Human Factors.*

Hoshino, K. & Nakagomi, H. (2013). Measurement of rotational eye movement under blue light irradiation by tracking conjunctival blood vessel ends. *System Integration (SII), 2013 IEEE/SICE International Symposium on*, 204–209.

Hristov, B. (2009). *Untersuchung des Blickverhaltens von Kraftfahrern auf Autobahnen.*

Huppert, D., Benson, J. & Brandt, T. (2017). A historical View of Motion sickness—a Plague at sea and on land, also with Military impact. *Frontiers in Neurology, 8*, 114.

ICD-10-GM, Version 2016. (2016). http://www.dimdi.de/static/de/klassi/icd-10gm/kodesuche/onlinefassungen/htmlgm2016/index.htm

Irwin, J. (1881). THE PATHOLOGY OF SEA-SICKNESS. *The Lancet, 118*(3039), 907–909.

ISO 2631-1:1997. (1997). *Mechanical vibration and shock – Evaluation of human exposure to whole-body vibration.* International Organization for Standardization.

ISO 9241-210:2019. (2019). *Ergonomics of human-system interaction – Part 210: Human-centred design for interactive systems.* International Organization for Standardization.

Isu, N., Hasegawa, T., Takeuchi, I. & Morimoto, A. (2014). Quantitative analysis of time-course development of motion sickness caused by in-vehicle video watching. *Displays, 35*(2), 90–97.

Johnson, W. & Mayne, J. (1953). Stimulus required to produce motion sickness; restriction of head movement as a preventive of airsickness; field studies on airborne troops. *The Journal of Aviation Medicine, 24*(5), 400.

Joseph, J. A. & Griffin, M. (2008). Motion sickness: effect of the magnitude of roll and pitch oscillation. *Aviation, Space, and Environmental Medicine, 79*(4), 390–396.

Kamiji, N., Kurata, Y., Wada, T. & Doi, S. (2007). Modeling and validation of carsickness mechanism. *SICE, 2007 Annual Conference*, 1138–1143.

Kandel, E. R., Schwartz, J. H., Jessell, T. M., Siegelbaum, S. A., Hudspeth, A. J. & Mack, S.). (2014). *Principles of Neural Science* (Fifth Edition.). McGraw Hill.

Kaplan, J., Ventura, J., Bakshi, A., Pierobon, A., Lackner, J. R. & DiZio, S. (2017). The influence of sleep deprivation and oscillating motion on sleepiness, motion sickness, and cognitive and motor performance. *Autonomic Neuroscience, 202*, 86–96.

Karjanto, J., Yusof, N. M., Terken, J., Delbressine, F., Hassan, M. Z. & Rauterberg, M. (2017). Simulating autonomous driving styles: Accelerations for three road profiles. *MATEC Web of Conferences, 90*, 01005.

Karjanto, J., Yusof, N. M., Wang, C., Terken, J., Delbressine, F. & Rauterberg, M. (2018). The effect of peripheral visual feedforward system in enhancing situation awareness and mitigating motion sickness in fully automated driving. *Transportation Research Part F: Traffic Psychology and Behaviour, 58*, 678–692.

Karl, I., Berg, G., Rüger, F. & Farber, B. (2013). Driving Behavior and Simulator Sickness While Driving the Vehicle in the Loop: Validation of Longitudinal Driving Behavior. *IEEE Intelligent Transportation Systems Magazine, 5*(1), 42–57.

Kato, K. & Kitazaki, S. (2006a). *A study for understanding carsickness based on the sensory conflict theory.*

Kato, K. & Kitazaki, S. (2006b). A Study of Carsickness of Rear-seat Passengers due to Acceleration and Deceleration when Watching an In-vehicle Display. *Review of Automotive Engineering, 27*(3), 465.

Kemeny, A., Chardonnet, J.-R. & Colombet, F. (2020). Self-motion Perception and Cyber-sickness. In *Getting Rid of Cybersickness* (pp. 31–62). Springer.

Kennedy, R. S. & Graybiel, A. (1965). *The Dial test: A standardized procedure for the experimental production of canal sickness symptomatology in a rotating environment.*

Kennedy, R. S., Lane, N. E., Berbaum, K. S. & Lilienthal, M. G. (1993). Simulator sickness questionnaire: An enhanced method for quantifying simulator sickness. *The International Journal of Aviation Psychology, 3*(3), 203–220.

Kerner, B. S. (2017). Introduction—The Reason for Paradigm Shift in Transportation Science. In *Breakdown in Traffic Networks* (pp. 1–71). Springer-Verlag.

Keshavarz, B. & Hecht, H. (2011). Validating an efficient method to quantify motion sickness. *Human Factors: The Journal of the Human Factors and Ergonomics Society, 53*(4), 415–426.

Kim, Y., Kim, H., Kim, E., Ko, H. D. & Kim, H. T. (2005). Characteristic changes in the physiological components of cybersickness. *Psychophysiology, 42*(5), 616–625.

Klamroth, A. (2016). *Kinetose im Auto: Einflussfaktoren und Entwicklung einer Erhebungsmethode während Realfahrten.*

Klosterhalfen, S., Kellermann, S., Pan, F., Stockhorst, U., Hall, G. & Enck, S. (2005). Effects of ethnicity and gender on motion sickness susceptibility. *Aviation, Space, and Environmental Medicine, 76*(11), 1051–1057.

Koch, A., Cascorbi, I., Westhofen, M., Dafotakis, M., Klapa, S. & Kuhtz-Buschbeck, J. S. (2018). The neurophysiology and treatment of motion sickness. *Dtsch Arztebl Int*, *115*(41), 687–696. https://doi.org/10.3238/arztebl.2018.0687

Kogi, K. (1979). Passenger requirements and ergonomics in public transport. *Ergonomics*, *22*(6), 631–639.

Konno, H., Fujisawa, S., Imaizumi, K., Wada, T., Kamiji, N. & Doi, S. (2010). Analysis of driver's head movement by motion sickness model. *Proceedings of the 12th Korea and Japan Joint Ergonomics Symposium.*

Konno, H., Fujisawa, S., Wada, T. & Doi, S. (2011). Analysis of motion sensation of car drivers and its application to posture control device. *SICE Annual Conference (SICE), 2011 Proceedings of*, 192–197.

Kugler and t Hart, B. M., Kohlbecher, S., Bartl, K., Schumann, F., Einhäuser, W. & Schneider, E. , 2015.Kugler, G., t Hart, B. M., Kohlbecher, S., Bartl, K., Schumann, F., Einhäuser, W. & Schneider, E. (2015). Visual search in the real world: Color vision deficiency affects peripheral guidance, but leaves foveal verification largely unaffected. *Frontiers in Human Neuroscience*, *9*, 680.

Kuiper, O. X., Bos, J. & Diels, C. (2018). Looking forward: In-vehicle auxiliary display positioning affects carsickness. *Applied Ergonomics*, *68*, 169–175.

Kuiper, O. X., Bos, J., Diels, C. & Cammaerts, K. (2019). Moving base driving simulators' potential for carsickness research. *Applied Ergonomics*, *81*, 102889.

Kurasako, R., Obinata, G. & Toriya, K. (2013). Effect of linear and angular accelerations of head on equilibrium sense in vehicle braking motion. *SICE Annual Conference (SICE), 2013 Proceedings of*, 1533–1538.

Kyriakidis, M., Happee, R. & de Winter, J. C. (2015). Public opinion on automated driving: Results of an international questionnaire among 5000 respondents. *Transportation Research Part F: Traffic Psychology and Behaviour*, *32*, 127–140.

Lackner, J. R. (2014). Motion sickness: more than nausea and vomiting. *Experimental Brain Research*, *232*(8), 2493–2510.

Ladda, J., Eggert, T., Glasauer, S. & Straube, A. (2007). Velocity scaling of cue-induced smooth pursuit acceleration obeys constraints of natural motion. *Experimental Brain Research*, *182*(3), 343–356.

Lamb, S. & Kwok, K. C. (2014). MSSQ-Short Norms May Underestimate Highly Susceptible Individuals Updating the MSSQ-Short Norms. *Human Factors: The Journal of the Human Factors and Ergonomics Society*, 0018720814555862.

Land, M. F. (2006). Eye movements and the control of actions in everyday life. *Progress in Retinal and Eye Research*, *25*(3), 296–324.

Lappi, O., Pekkanen, J. & Itkonen, T. H. (2013). Pursuit eye-movements in curve driving differentiate between future path and tangent point models. *PloS One*, *8*(7), e68326.

Laubrock, J., Cajar, A. & Engbert, R. (2013). Control of fixation duration during scene viewing by interaction of foveal and peripheral processing. *Journal of Vision*, *13*(12), 11–11.

Lee, J.-H., Ko, H.-S., Kim, K.-J. & Jang, H.-K. (2003). *Measurement of 6 Degree of Freedom Movement of Human Head in Low Frequency Range.*

Lentz, J. M. & Collins, W. E. (1976). *Three Studies of Motion Sickness Susceptibility.*

Leonhart, R. (2009). Lehrbuch Statistik: Einführung und Vertiefung. In *Aufl. Bern.*

Li, F., Pelz, J. B. & Daly, S. J. (2009). Measuring hand, head, and vehicle motions in commuting environments. *IS&T/SPIE Electronic Imaging*, 72401I–72401I.

Lin, C.-T., Lin, C.-L., Chiu, T.-W., Duann, J.-R. & Jung, T.-P. (2011). Effect of respiratory modulation on relationship between heart rate variability and motion sickness. *Engineering in Medicine and Biology Society, EMBC, 2011 Annual International Conference of the IEEE*, 1921–1924.

Llaneras, R. E., Salinger, J. & Green, C. A. (2013). Human factors issues associated with limited ability autonomous driving systems: Drivers' allocation of visual attention to the forward roadway. *Proceedings of the Seventh International Driving Symposium on Human Factors in Driver Assessment, Training and Vehicle Design, June 17–20*.

Mach, E. (1875). *Grundlinien der Lehre von den Bewegungsempfindungen*. w. engelmann.

Martens, M. H. & Fox, M. (2007). Does road familiarity change eye fixations? A comparison between watching a video and real driving. *Transportation Research Part F: Traffic Psychology and Behaviour, 10*(1), 33–47.

MATLAB. (2016). *version 9.1 (R2016b)*. The MathWorks Inc.

Matsangas, S. & McCauley, M. E. (2014). Sopite syndrome: a revised definition. *Aviation, Space, and Environmental Medicine, 85*(6), 672–673.

Meschtscherjakov, A., Döttlinger, C., Kaiser, T. & Tscheligi, M. (2020). Chase Lights in the Peripheral View: How the Design of Moving Patterns on an LED Strip Influences the Perception of Speed in an Automotive Context. *Proceedings of the 2020 CHI Conference on Human Factors in Computing Systems*, 1–9.

Meschtscherjakov, A., Strumegger, S. & Trösterer, S. (2019). Bubble Margin: Motion Sickness Prevention While Reading on Smartphones in Vehicles. *IFIP Conference on Human-Computer Interaction*, 660–677.

Metker, T. & Fallbrock, M. (1994). Die Funktionen der Beifahrerin oder des Beifahrers für ältere Autofahrer. *MENSCH FAHRZEUG UMWELT, 30*.

Metz, B., Landau, A. & Just, M. (2014). Frequency of secondary tasks in driving-Results from naturalistic driving data. *Safety Science, 68*, 195–203.

Meyer, C. H., Lasker, A. G. & Robinson, D. A. (1985). The upper limit of human smooth pursuit velocity. *Vision Research, 25*(4), 561–563.

Mills, K. L. & Griffin, M. (2000). Effect of seating, vision and direction of horizontal oscillation on motion sickness. *Aviation, Space, and Environmental Medicine, 71*(10), 996–1002.

Mitchell, D. E. & Cullen, K. E. (2017). Vestibular System. In *Reference Module in Neuroscience and Biobehavioral Psychology*. Elsevier. https://doi.org/10.1016/B978-0-12-809 324-5.02888-1

Morimoto, A., Isu, N., Ioku, D., Asano, H., Kawai, A. & Masui, F. (2008). Effects of reading books and watching movies on inducement of car sickness. *Proc. of FISITA 2008 World Automotive Congress, in Print*.

Morimoto, A., Isu, N., Okumura, T., Araki, Y., Kawai, A. & Masui, F. (2008a). Screen design of onboard displays for reducing car sickness. *Proc. of FISITA 2008 World Automotive Congress (CD-ROM), F2008-02-23*.

Morimoto, A., Isu, N., Okumura, T., Araki, Y., Kawai, A. & Masui, F. (2008b). Image Rendering for Reducing Carsickness in Watching Onboard Video Display. *Consumer Electronics, 2008. ICCE 2008. Digest of Technical Papers. International Conference on*, 1–2.

Mueller, S. C., Jackson, C. S. & Skelton, R. W. (2008). Sex differences in a virtual water maze: An eye tracking and pupillometry study. *Behavioural Brain Research, 193*(2), 209–215.

Mullen, T. J., Berger, R. D., Oman, C. M. & Cohen, R. J. (1998). Human heart rate variability relation is unchanged during motion sickness. *Journal of Vestibular Research, 8*(1), 95–105.

Muth, E. R., Stern, R. M., Thayer, J. F. & Koch, K. L. (1996). Assessment of the multiple dimensions of nausea: the Nausea Profile (NP). *Journal of Psychosomatic Research, 40*(5), 511–520.

Naddeo, A., Cappetti, N., Vallone, M. & Califano, R. (2014). New trend line of research about comfort evaluation: proposal of a framework for weighing and evaluating contributes coming from cognitive, postural and physiologic comfort perceptions. *Advances in Social and Organizational Factors, Edited by Peter Vink, Published By "Advances in Human Factors and Ergonomics" Conference.*

Neukum, A. & Grattenthaler, H. (2006). *Projekt: Simulation von Einsatzfahrten im Auftrag des Praesidiums der Bayerischen Bereitschaftspolizei.*

Nexus 10. (2019). https://de.wikipedia.org/wiki/Nexus_10

Oborne, D. (1978). Techniques available for the assessment of passenger comfort. *Applied Ergonomics, 9*(1), 45–49.

Omura, K., Aoki, H. & Obinata, G. (2014). Objective evaluation of the brake motion by means of passenger's reflex eye movements. *International Symposium on Future Active Safety Teachnology, 13.*

Östh, J., Ólafsdóttir, J. M., Davidsson, J. & Brolin, K. (2013). *Driver kinematic and muscle responses in braking events with standard and reversible pre-tensioned restraints: validation data for human models.*

Paillard, A., Quarck, G., Paolino, F., Denise, P., Paolino, M., Golding, J. & Ghulyan-Bedikian, V. (2013). Motion sickness susceptibility in healthy subjects and vestibular patients: effects of gender, age and trait-anxiety. *Journal of Vestibular Research, 23*(4, 5), 203–209.

Pelz, J. B. & Rothkopf, C. (2007). Oculomotor behavior in natural and man-made environments. In *Eye Movements* (pp. 661–676). Elsevier.

Perrin, P., Lion, A., Bosser, G., Gauchard, G. & Meistelman, C. (2013). Motion sickness in rally car co-drivers. *Aviation, Space, and Environmental Medicine, 84*(5), 473–477.

Petermann-Stock, I., Hackenberg, L., Muhr, T. & Mergl, C. (2013). Wie lange braucht der Fahrer-Eine Analyse zu Übernahmezeiten aus verschiedenen Nebentätigkeiten während einer hochautomatisierten Staufahrt. 6. *Tagung Fahrerassistenzsysteme. Der Weg Zum Automatischen Fahren.*

Pham Xuan, R., Brietzke, A. & Marker, S. (2020). Evaluation of physiological responses due to car sickness with a zero-inflated regression approach. In D. de Waard, A. Toffetti, L. Pietrantoni, T. Franke, J-F. Petiot, C. 506 Dumas, A. Botzer, L. Onnasch, I. Milleville, and F. Mars (2020) (Ed.), *Proceedings of the Human Factors and Ergonomics Society Europe Chapter 2019 Annual Conference* (pp. 147–160). Downloaded from http://hfes-europe.org (ISSN 2333–4959)

Probst, T., Krafczyk, S., Büchele, W. & Brandt, T. (1982). [Visual prevention from motion sickness in cars]. *Archiv Fur Psychiatrie Und Nervenkrankheiten, 231*(5), 409–421.

R Core Team. (2020). *R: A Language and Environment for Statistical Computing. Version 4.0.2.* Vienna, Austria.

Ramaioli, C., Colagiorgio, P., Sağlam, M., Heuser, F., Schneider, E., Ramat, S. & Lehnen, N. (2014). The effect of vestibulo-ocular reflex deficits and covert saccades on dynamic vision in opioid-induced vestibular dysfunction. *PloS One, 9*(10), e110322.

Reason, J. T. (1967). *Relationships between motion after-effects, motion sickness susceptibility and "receptivity."*

Reason, J. T. (1978). Motion sickness adaptation: a neural mismatch model. *Journal of the Royal Society of Medicine, 71*(11), 819.

Reason, J. T. & Brand, J. J. (1975). *Motion Sickness.* Academic Press.

Recarte, M. A. & Nunes, L. M. (2000). Effects of verbal and spatial-imagery tasks on eye fixations while driving. *Journal of Experimental Psychology: Applied, 6*(1), 31.

Reichart, U. (2013). *Objektive Kriterien für Langstreckenkomfort bei Personenwagen.*

Riccio, G. E. & Stoffregen, T. A. (1991). An ecological theory of motion sickness and postural instability. *Ecological Psychology, 3*(3), 195–240.

Roach, V. A., Fraser, G. M., Kryklywy, J. H., Mitchell, D. G. & Wilson, T. D. (2017). Different perspectives: Spatial ability influences where individuals look on a timed spatial test. *Anatomical Sciences Education, 10*(3), 224–234.

Rolnick, A. & Lubow, R. (1991). Why is the driver rarely motion sick? The role of controllability in motion sickness. *Ergonomics, 34*(7), 867–879.

Rosenthal, R. & DiMatteo, M. R. (2001). Meta-analysis: Recent developments in quantitative methods for literature reviews. *Annual Review of Psychology, 52*(1), 59–82.

Roßner, P., Dittrich, F. & Bullinger, A. C. (2019). Diskomfort im hochautomatisierten Fahren—eine Untersuchung unterschiedlicher Fahrstile im Fahrsimulator. *Frühjahrskongress 2019, Dresden, Arbeit Interdisziplinär Analysieren—bewerten—gestalten, 65.*

RStudio Team. (2018). *RStudio: Integrated Development Environment for R. Version 1.1.463.* Boston, MA.

SAE International. (2014). *Automated driving: levels of driving automation are defined in new SAE international standard J3016.*

Salter, S., Diels, C., Herriotts, P., Depireux, D., Kanaarachos, S. & Thake, D. (2019). Evaluation of Bone Conducted Vibration as a potential countermeasure to motion sickness in Automated Vehicles. *Journal of Vestibular Research.*

Sang, F. D., Billar, J. P., Golding, J. & Gresty, M. A. (2003). Behavioral methods of alleviating motion sickness: effectiveness of controlled breathing and a music audiotape. *Journal of Travel Medicine, 10*(2), 108–111.

Schartmüller, C. & Riener, A. (2020). Sick of Scents: Investigating Non-invasive Olfactory Motion Sickness Mitigation in Automated Driving. *12th International Conference on Automotive User Interfaces and Interactive Vehicular Applications,* 30–39.

Schmidt, E. A., Kuiper, O. X., Wolter, S., Diels, C. & Bos, J. (2020). An international survey on the incidence and modulating factors of carsickness. *Transportation Research Part F: Traffic Psychology and Behaviour, 71*, 76–87.

Schneider, E., Villgrattner, T., Vockeroth, J., Bartl, K., Kohlbecher, S., Bardins, S., Ulbrich, H. & Brandt, T. (2009). EyeSeeCam: an eye movement-driven head camera for the examination of natural visual exploration. *Annals of the New York Academy of Sciences, 1164*(1), 461–467.

Schönhammer, R. (1995). *Das Leiden am Beifahren: Frauen und Männer auf dem Sitz rechts.* Vandenhoeck & Ruprecht.

Schubert, M., Kluth, T., Nebauer, G., Ratzenberger, R., Kotzagiorgis, S., Butz, B., Schneider, W. & Leible, M. (2014). Verkehrsverflechtungsprognose 2030. In *Zusammenfassung der Ergebnisse. Freiburg/München/Aachen/Essen: BVU/ITP/IVV/planco.*

Schulz, C. M., Schneider, E., Fritz, L., Vockeroth, J., Hapfelmeier, A., Wasmaier, M., Kochs, E. & Schneider, G. (2010). Eye tracking for assessment of workload: a pilot study in an anaesthesia simulator environment. *British Journal of Anaesthesia, 106*(1), 44–50.

Schweigert, M. (2003). *Fahrerblickverhalten und Nebenaufgaben.*

Seifert, K., Rötting, M. & Jung, R. (2001). Registrierung von Blickbewegungen im Kraftfahrzeug. In *Kraftfahrzeugführung* (pp. 207–228). Springer-Verlag.

Shupak, A. & Gordon, C. R. (2006). Motion sickness: advances in pathogenesis, prediction, prevention, and treatment. *Aviation, Space, and Environmental Medicine, 77*(12), 1213–1223.

Sivak, M. & Schoettle, B. (2015). *Motion Sickness in Self-Driving Vehicles.*

Sjörs, A., Dahlman, J., Ledin, T., Gerdle, B. & Falkmer, T. (2014). Effects of motion sickness on encoding and retrieval performance and on psychophysiological responses. *Journal of Ergonomics., 4*(1).

Son, L. A., Suzuki, T. & Aoki, H. (2018). Evaluation of cognitive distraction in a real vehicle based on the reflex eye movement. *International Journal of Automotive Engineering, 9*(1), 1–8.

Spinks, A., Wasiak, J., Villanueva, E. & Bernath, V. (2007). Scopolamine (hyoscine) for preventing and treating motion sickness. *Cochrane Database Syst Rev, 3*(3).

Stoffregen, T. A., Chang, C.-H., Chen, F.-C. & Zeng, W.-J. (2017). Effects of decades of physical driving on body movement and motion sickness during virtual driving. *PLoS One, 12*(11), e0187120.

Straumann, D. (1991). Off-line computing of slow-phase eye velocity profiles evoked by velocity steps or caloric stimulation. *International Journal of Bio-Medical Computing, 29*(1), 61–65.

Strupp, M. & Brandt, T. (2008). Diagnosis and treatment of vertigo and dizziness. *Deutsches Ärzteblatt International, 105*(10), 173.

Sugita, N., Yoshizawa, M., Tanaka, A., Abe, K., Chiba, S., Yambe, T. & Nitta, S. (2004). Quantitative evaluation of the effect of visually-induced motion sickness using causal coherence function between blood pressure and heart rate. *Engineering in Medicine and Biology Society, 2004. IEMBS'04. 26th Annual International Conference of the IEEE, 1,* 2407–2410.

Susilo, Y., Lyons, G., Jain, J. & Atkins, S. (2012). Great Britain rail passengers' time use and journey satisfaction: 2010 findings with multivariate analysis. *Transportation Research Record, 2323,* 99–109.

Tjärnbro, H. & Karlsson, N. (2012). *Motion sickness in cars-Physiological and psychological influences on motion sickness.*

Tobii-AB. (2016). *Tobii Pro Glasses 2 User Manual.*

Tokumaru, O., Mizumoto, C., Takada, Y., Tatsuno, J. & Ashida, H. (2003). Vector analysis of electrogastrography during motion sickness. *Digestive Diseases and Sciences, 48*(3), 498–507.

Töpfer, A. (2012). Wie kann ich mein wissenschaftliches Arbeiten erfolgreich organisieren? In *Erfolgreich Forschen* (pp. 367–402). Springer-Verlag.

Treisman, M. (1977). Motion sickness: an evolutionary hypothesis. *Science, 197*(4302), 493–495.

Turner, M. (1999). Motion sickness in public road transport: passenger behaviour and susceptibility. *Ergonomics, 42*(3), 444–461.

Turner, M. & Griffin, M. (1999). Motion sickness in public road transport: the relative importance of motion, vision and individual differences. *British Journal of Psychology, 90*(4), 519–530.

Velichkovsky, B. M., Sprenger, A. & Pomplun, M. (1997). Auf dem Weg zur Blickmaus: Die Beeinflussung der Fixationsdauer durch kognitive und kommunikative Aufgaben. In *Software-Ergonomie'97* (pp. 317–327). Springer-Verlag.

Vibert, N., MacDougall, H., De Waele, C., Gilchrist, D., Burgess, A., Sidis, A., Migliaccio, A., Curthoys, I. & Vidal, S. (2001). Variability in the control of head movements in seated humans: a link with whiplash injuries? *The Journal of Physiology, 532*(3), 851–868.

Vink, S. & Hallbeck, S. (2012). *Comfort and discomfort studies demonstrate the need for a new model.*

Vogel, H., Kohlhaas, R. & von Baumgarten, R. (1982). Dependence of motion sickness in automobiles on the direction of linear acceleration. *European Journal of Applied Physiology and Occupational Physiology, 48*(3), 399–405.

Volkswagen. (2018). *FMD2018.* https://www.discover-stf18.com/future-mobility-day/

Wada, T. (2016). Motion sickness in automated vehicles. *Advanced Vehicle Control: Proceedings of the 13th International Symposium on Advanced Vehicle Control (AVEC'16), September 13–16, 2016, Munich, Germany,* 169.

Wada, T., Konno, H., Fujisawa, S. & Doi, S. (2012). Can passengers' active head tilt decrease the severity of carsickness? Effect of head tilt on severity of motion sickness in a lateral acceleration environment. *Human Factors: The Journal of the Human Factors and Ergonomics Society, 54*(2), 226–234.

Wada, T. & Yoshida, K. (2016). Effect of passengers' active head tilt and opening/closure of eyes on motion sickness in lateral acceleration environment of cars. *Ergonomics, 59*(8), 1050–1059.

Wilding, J. & Meddis, R. (1972). A note on personality correlates of motion sickness. *British Journal of Psychology, 63*(4), 619–620.

Winner, H., Hakuli, S., Lotz, F. & Singer, C. (2015). *Handbuch Fahrerassistenzsysteme: Grundlagen, Komponenten und Systeme für aktive Sicherheit und Komfort (3., überarbeitete und ergänzte Auflage Aufl.),* Springer-Verlag.

World Medical Association. (2001). World Medical Association Declaration of Helsinki. Ethical principles for medical research involving human subjects. *Bulletin of the World Health Organization, 79*(4), 373–374. https://apps.who.int/iris/handle/10665/268312

Yates, B., Miller, A. & Lucot, J. (1998). Physiological basis and pharmacology of motion sickness: an update. *Brain Research Bulletin, 47*(5), 395–406.

Young, S. D., Adelstein, B. D. & Ellis, S. R. (2007). Demand characteristics in assessing motion sickness in a virtual environment: or does taking a motion sickness questionnaire make you sick? *Visualization and Computer Graphics, IEEE Transactions on, 13*(3), 422–428.

Yusof, N. M. (2019). *Comfort in autonomous car: mitigating motion sickness by enhancing situation awareness through haptic displays.*

Zensus Kompakt – 2011. (2015). Statistische Ämter des Bundes und der Länder.

Zhang, L., Helander, M. G. & Drury, C. G. (1996). Identifying factors of comfort and discomfort in sitting. *Human Factors, 38*(3), 377–389.

Zhang, L., Ren, J., Xu, L., Qiu, X. J. & Jonas, J. B. (2013). Visual comfort and fatigue when watching three-dimensional displays as measured by eye movement analysis. *British Journal of Ophthalmology, 97*(7), 941–942.

Zikovitz, D. C. & Harris, L. R. (1999). Head tilt during driving. *Ergonomics, 42*(5), 740–746.

Printed in the United States
by Baker & Taylor Publisher Services

Printed in the United States
by Baker & Taylor Publisher Services